高等职业教育智能制造精品教材

# 旋挖钻机

## XUANWA ZUANJI

主 编 李德泉 黄中华

中南大学出版社
www.csupress.com.cn
·长沙·

## 内容摘要

旋挖钻机又称旋挖机、打桩机,是一种综合性的成孔钻机。本书内容包括:桩基础施工原理、旋挖钻机施工原理、旋挖钻机操作、旋挖钻机保养、旋挖钻机常见故障排除。本书为高等职业院校工程机械专业的教材,也可供旋挖钻机技术人员、专业维修人员使用。

# 前言 PREFACE.

　　旋挖钻机又称旋挖机、打桩机，是一种综合性的成孔钻机。可以用于多种地质结构层施工，具有成孔速度快、污染少、机动性强等特点。配置短螺旋钻头可进行干挖作业；配置回转钻斗，在泥浆护壁的情况下可进行湿挖作业；配置钻筒，可在岩石层进行钻孔作业；配置扩大头钻具，可在孔底进行扩孔作业。

　　旋挖钻机采用多层伸缩式钻杆，钻进辅助时间少，劳动强度低，不需要泥浆循环排渣，节约成本，环境污染小。特别适合于城市建设中的基础施工，是符合节能、高效、环保要求的现代桩工机械，也是预制桩施工常用的施工机械。其具备以下施工特点：机动性好，可快速转移施工地点；钻具种类多样、轻巧，可快速装卸。

　　虽然旋挖钻机在国内的发展历史不长，但市场份额占桩工机械的比例却连年增加。掌握旋挖钻机技术的专业人员和操作手十分缺乏，市场需求量大，急需培养熟悉旋挖钻机的专业人才。配合人才培养的相关教材和专业书籍目前也十分稀缺。

　　本书为高等职业院校工程机械专业的教材，也可供旋挖钻机技术人员、专业维修人员使用。本教材分为5章：第1章桩基础施工原理；第2章旋挖钻机施工原理；第3章旋挖钻机操作；第4章旋挖钻机保养；第5章旋挖钻机常见故障排除。

　　本教材注重学习者的实际学习感受，图文并茂，具有科学、实用性、可操作性。本教材所采用的技术资料和产品均为三一重工产品，特此说明。

编　者

# 目 录 C☀NTENTS.

# 第 1 章
# 桩基础施工原理

## 1.1　桩基础

　　桩的种类比较多。根据用途可分为基础支承桩、防护围幕桩（见图 1 − 1）以及锚固桩等。按照承载性状可分为端承型桩和摩擦型桩。端承型桩是指桩顶的绝大部分极限荷载均由桩端阻力承担的桩，其长径比较小，$l/d < 10$。端承型桩又可分为端承桩和摩擦端承桩。摩擦型桩是指在极限承载力状态下桩顶荷载全部或主要由桩侧阻力来承担的桩。摩擦型桩又可分为摩擦桩和端承摩擦桩。桩一般由桩和承台组成。桩的作用在于将上部建筑物的荷载传递到深处承载力较大的土层上；或使软弱土层受到挤压，以提高土壤的承载力和密实度，从而保证建筑物的稳定性和减少地基沉降。承台是把若干根桩的顶部联结成整体，把上部结构传来的荷载转换、调整分配于各桩，由穿过软弱土层或水的桩传递到深部较坚硬、压缩性小的土层或岩层，从而保证建筑物能满足地基稳定的要求。桩基础具有承载力高、稳定性好、沉降量小而均匀、抗震能力强、便于机械化施工、适应性强等特点，在工程中得到了广泛的应用。如通过软弱土层桩尖嵌入基岩的桩，外部荷载通过桩身直接传给基岩，而承载力由桩的端部提供，不考虑桩侧摩阻力的作用。桩基础结构示意图如图 1 − 2 所示。

图 1 − 1　防护围幕桩

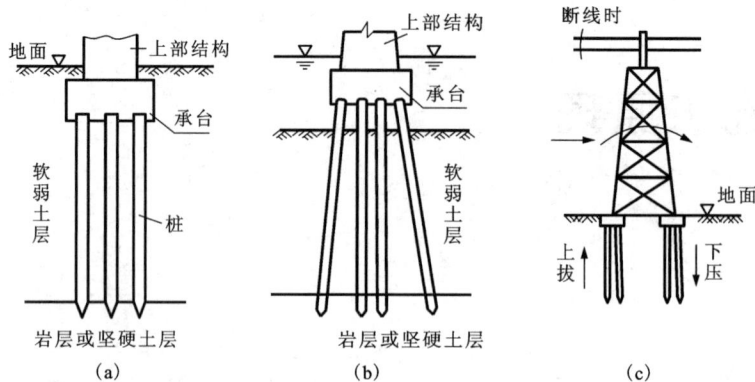

**图 1-2 桩基础结构**

下述建筑情况，一般要考虑选用桩基础施工：

①自然地基承载力和变形不能满足要求的高重建筑物；

②自然地基承载力基本满足要求但沉降量过大，需利用桩基减少沉降的建筑物，如软土地基上的多层住宅建筑，或在生产、使用上对沉降限制严格的建筑物；

③大型工业厂房和荷载很大的建筑物，如仓库、料仓等；

④弱地基或某些特殊性土上的各类永久性建筑物；

⑤拥有较大水平力和力矩的高耸结构物(如烟囱、水塔等)的基础，或需以桩基承受水平力或上拔力的其他情况；

⑥要减弱其振动影响的动力机器的基础，或需以桩基作为地震区建筑物的抗震措施的情况；

⑦地基土有可能被水流冲刷的桥梁基础；

⑧需穿越水体和软弱土层的港湾与海洋构筑物的基础，如栈桥、码头、海上采油平台及输油、输气管道支架。

有桩基础的建筑物如图 1-3 所示。

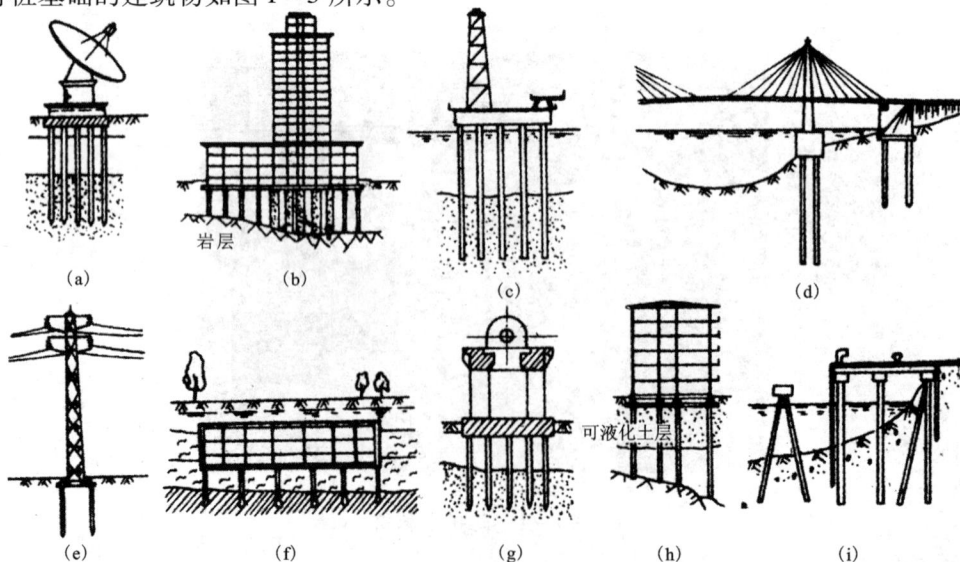

**图 1-3 有桩基础的建筑物**

2

## 1.2　工法介绍

工法就是施工方法，包括工程管理、施工技术、工作协调等多个方面，即"一体化的施工解决方案"。施工方法是桩基础施工的软件，主要有以下几个方面的要求：①施工质量的提升；②施工效率的提高；③施工事故的预防及处理；④施工成本的节约。

### 1.2.1　长螺旋钻进工法

长螺旋钻进工法是钻进与输土同时进行的一种连续作业工法，它的效率很高，在钻小孔（$\phi 400 \sim 800$ mm）、钻干孔、钻浅孔（孔深 <30 m）时有着不可替代的优势，尤其是对 $\phi 400 \sim 600$ mm 的小孔，很少有其他工作装置能代替长螺旋。旋挖钻机长螺旋工作系统包括：混凝土管接头、滑轮、旋转动力头、长螺旋钻杆加长接头、内部带混凝土管的空心螺旋钻杆、清土器、长螺旋钻头等。如图 1 - 4 所示。

### 1.2.2　配连续墙抓斗工法

配连续墙抓斗工法广泛应用于城市高层建筑的基础施工、地铁车站建设、地下室、污水处理厂、防护壁、石油和煤气地下储备槽、桥衍基础、基础方桩等多方面深基础工程施工，并常在水利坝基、防渗墙等防洪工程中使用。它适用于各种土质，尤其便于在软土中施工。且其施工对邻近建筑物和地下设施没有什么影响。配连续墙抓斗示意图如图 1 - 5 所示。

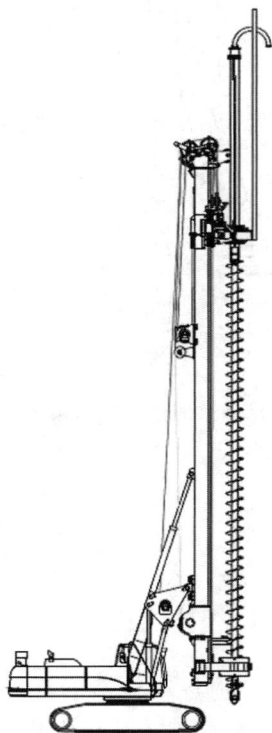

图 1 - 4　长螺旋钻进

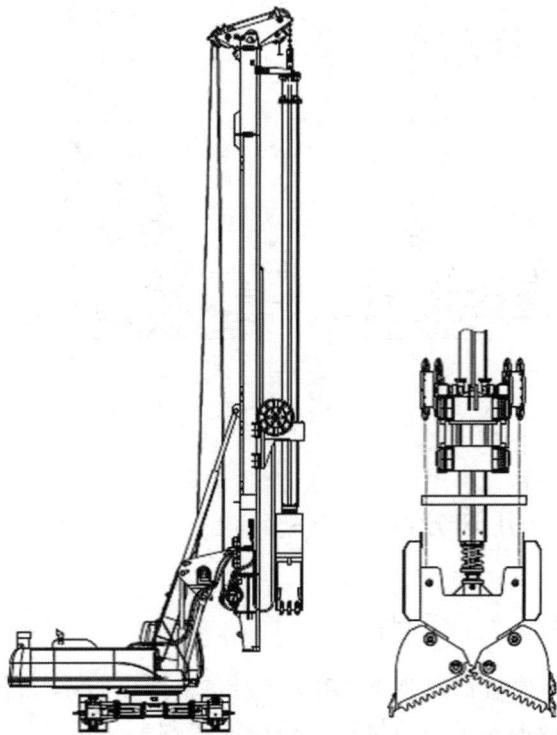

图 1 - 5　连续墙抓斗

### 1.2.3 配搓管机工法

搓管机与钢护筒驱动器相比能产生更大的下压力，即使是坚硬地层也能下套管。搓管机具有地质适应性强、成桩质量高、低噪、无泥浆污染、对原有基础影响小、易于控制、造价低廉等优点，并在解决如下地质问题时存在优势：易塌方地层、地下滑移层、有地下河、岩层、旧桩、有漂石、有流砂、紧急临时建筑物基础。搓管机如图1-6所示。

### 1.2.4 钢护筒驱动工法

人工埋设护筒施工量大，需要配备挖掘机等施工设备，且钻预埋孔时可能会发生塌孔，出现边塌边钻、边钻边塌的问题。钢护筒驱动工法可有效解决这些问题，在回填土层、浅层砂卵石层、多溶洞石灰岩层中发挥明显优势。大扭矩旋挖钻机可不配搓管机而直接钻进和起拔钢护筒。选配护筒驱动器有利于下护筒时保证护筒垂直度，有效防止塌方；钻进和下护筒可以同时进行，提高钻进效率。钢护筒驱动器如图1-7所示。

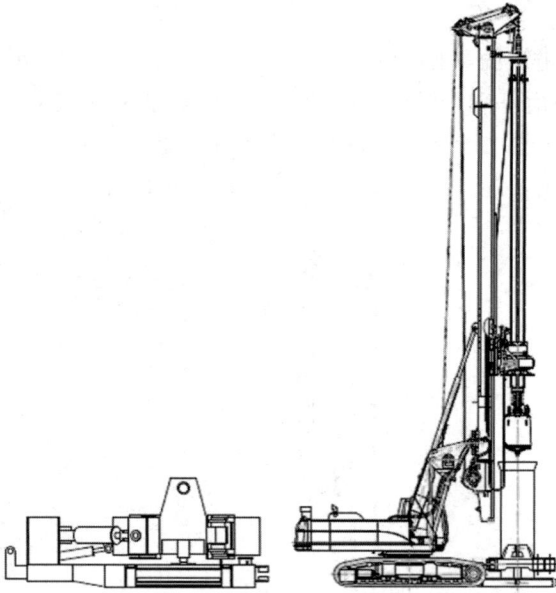

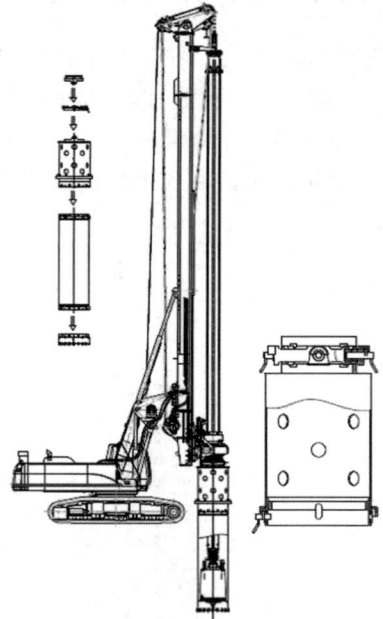

图1-6　搓管机　　　　　　　　　　图1-7　钢护筒驱动器

## 1.3 桩的分类

### 1.3.1 预制桩

预制桩指借助于专用机械设备将预先制作好的具有一定形状、刚度与构造的桩杆打入、压入或振入土中的桩型。根据制桩材料的不同，预制桩主要分为木桩、混凝土预制桩和钢桩。

### 1.3.2　灌注桩

灌注桩是指在工程现场通过机械钻孔、钢管挤土或人力挖掘等手段在地基土中形成的桩孔内放置钢筋笼、灌注混凝土而做成的桩。灌注桩的横截面呈圆形，可以做成大直径桩和扩底桩。灌注桩省去了预制桩的制作、运输、吊装和打入等工序，节省了钢材和造价。同时桩不用承受这些工序过程中的弯折和锤击应力，更能适应基岩起伏变化剧烈的地质条件。灌注桩施工的关键是成孔，采用机械成孔主要有两种方法：一种是挤土成孔，另一种是取土成孔。灌注桩可分为沉管灌注桩、钻孔灌注桩、挖孔灌注桩、爆破灌注桩。

# 1.4　钻孔法

钻孔法是指采用不同的钻孔方法，在土中形成一定直径的井孔，在其达到设计标高后，将钢筋骨架(笼)吊入井孔中，灌注混凝土形成桩基础的方法。钻孔法根据成孔成桩过程特点可分为三大类，见表 1 – 1。

表 1 – 1　钻孔法分类

| | | |
|---|---|---|
| 非挤土成桩法 | 干作业法 | 长螺旋钻孔桩($d = 400 \sim 800$ mm，$L \leqslant 25$ m) |
| | | 机动洛阳铲成孔灌注桩($d = 300 \sim 500$ mm，$L \leqslant 20$ m) |
| | | 人工挖孔灌注桩($d = 800 \sim 3000$ mm，$L \leqslant 30$ m) |
| | | 钻孔压注无砂混凝土灌注桩($d = 600 \sim 800$ mm，$L \leqslant 20$ m)* |
| | | 长螺旋钻灌合一灌注桩($d = 400 \sim 600$ mm，$L \leqslant 25$ m)* |
| | 泥浆护壁法 | 正、反循环钻孔灌注桩($d = 500 \sim 3000$ mm，$L \leqslant 110$ m) |
| | | 潜水钻成孔灌注桩($d = 500 \sim 1000$ mm，$L \leqslant 50$ m)* |
| | | 大锅锥钻成孔灌注桩($d = 500 \sim 800$ mm，$L \leqslant 50$ m)* |
| | | 旋挖成孔灌注桩($d = 600 \sim 1500$ mm，$L \leqslant 70$ m)** |
| | 套管护壁法 | 贝诺托灌注桩($d = 800 \sim 1600$ mm，$L \leqslant 50$ m)** |
| | | 短螺旋钻孔灌注桩($d = 300 \sim 800$ mm，$L \leqslant 20$ m) |
| 部分挤土成桩法 | | 多支盘挤扩灌注桩($d = 600 \sim 1000$ mm，$L \leqslant 40$ m)* |
| | | 冲击成孔灌注桩($d = 600 \sim 1200$ mm，$L \leqslant 50$ m) |
| | | 水泥土预制芯桩复合桩($d = 500 \sim 600$ mm，$L \leqslant 15$ m)* |
| 挤土成桩法 | | 锤击沉管灌注桩($d = 300 \sim 500$ mm，$L \leqslant 24$ m)* |
| | | 锤击振动沉管灌注桩($d = 300 \sim 500$ mm，$L \leqslant 20$ m) |
| | | 夯压成型灌注桩 $d = 325 \sim 400$ mm，$L \leqslant 24$ m)* |
| | | 弗兰克桩($d = 600$ mm，$L \leqslant 20$ m)** |
| | | 灌注桩后注浆技术 PPG 工法* |

注：*为我国自主研发技术；**为引进技术。

### 1.4.1 岩土知识

建筑地基的岩土分为八种，分类如下。

①岩石：颗粒间牢固黏结，呈整体或有节理裂隙的岩体。

②碎石土：粒径大于 2 mm 的颗粒含量超过全重的 50%。

③砂土：粒径大于 2 mm 的颗粒含量不超过全重的 50%。

④粉土：塑性指数小于 10 且粒径大于 0.075 mm 的颗粒含量不超过全重的 50%。

⑤黏性土：塑性指数大于 10 的土。塑性指数为 10 ~ 17 的是粉质黏土，大于 17 的是黏土。

⑥漂石、块石：粒径大于 200 mm 的圆形、亚圆形或棱角形颗粒超过全重的 50%。

⑦卵石、碎石：粒径大于 20 mm 的圆形、亚圆形或棱角形颗粒超过全重的 50%。

⑧圆砾、角砾：粒径大于 2 mm 的圆形、亚圆形或棱角形颗粒超过全重的 50%。

### 1.4.2 钻孔方法

取土灌注桩所采用的机械是旋挖钻机。旋挖钻机钻孔有 4 种方法：①静浆护壁钻孔；②全护筒钻孔；③钻干孔；④造壁钻孔（提前注浆处理孔壁）。

旋挖钻机操作步骤如下：①找准钻孔点后，由主卷扬释放钢丝绳使钻杆带着钻斗自由下落到地面，依靠钻杆和钻斗自重切入土层。②钻孔取土时，动力头慢速回转，斜向斗齿在钻斗回转时切下土块向斗内推进而完成钻孔取土；遇硬土时，自重力不足以使斗齿切入土层，此时可通过加压油缸对钻杆加压，强行将斗齿切入土中，完成钻孔取土。钻孔深度由电气数码显示，当钻至要求深度后即可停止作业。③钻斗内装满土后，由主卷扬提升钻杆及钻斗至地面，检测到钻斗离开孔口后，转台回转至地面的抛土位置，若为回转斗则需再提升钻头至动力头下端挡板位置，通过撞击下挡板打开底门使回转斗下端开启，钻斗内的土依靠自重力自动排出。当黏土附着在斗壁上而不能自动排除时，由动力头高速反转实现抛土。钻杆下放并关好斗门，再回转到孔口进行下一斗的钻掘。旋挖钻机工艺步骤如下：

（1）旋挖钻机就位钻位。

（2）钻头着地，旋转，开孔。以钻头自重并加液压作为钻进压力。

（3）当钻头内装满土、砂后，将之提升上来。一面注意地下水位变化情况，一面灌水。

（4）旋挖钻机将钻头中的土倾卸到翻斗车上。

（5）关闭钻头的活门，将钻头转回钻进地点，并将旋转体的上部固定住。

（6）降落钻头。

（7）沙层施工时，采用长护筒穿越不稳定层，埋置导向护筒，如图 1 - 8 所示，灌入稳定液。护筒直径比桩径大 100 mm，以便钻头在孔内上下升降。按土质情况确定稳定液的配方。如果在桩长范围内土层都是黏性土，则可不必灌水或注入稳定液，可直接钻进。

（8）将侧面铰刀安装在钻头内侧，开始钻进。

（9）钻孔，直至将孔打至设计标高处，进行孔底沉渣的第一次处理，并测定深度。

（10）测定孔壁。

（11）插入钢筋笼。

（12）插入导管。

动力头驱动下护筒　　　　　　　　　　振动锤下护筒

**图 1 - 8　钢护筒驱动工法及装备**

（13）第二次处理孔底沉渣。

（14）水下灌注混凝土，边灌边拔导管。混凝土全部灌注完毕后，拔出导管。

（15）拔出导向护筒，成桩。

现场工艺流程如图 1 - 9 所示。

钻斗钻成孔法是在稳定液保护下钻进，但钻头钻进时，每孔要多次上下往复作业。如果对护壁稳定液管理不善，就可能发生坍孔事故。可以说，稳定液的管理是钻斗钻成孔法施工作业中的关键。钻斗钻成孔法由于不采用循环法施工，一旦稳定液中含有沉渣，则直到钻孔终了，也不能排出孔外，而且会全部留在孔底。但是若能很好地使用稳定液，就能使孔底沉渣大大地减少。

钻进：将旋挖钻机开至拟钻的孔位旁，利用旋挖钻机自身的对中系统对中桩位的中心。钻机停位回转中心距孔位的距离为 3.8 ～ 4.4 m，变幅油缸尽可能将桅杆缩回，可以减少由钻机自重和提升所产生的交变应力对孔的影响，检查回转半径内是否有影响回转的障碍。

护壁：旋挖取土成孔中，静态泥浆作为成孔过程的稳定液，主要作用是护壁。其可在孔壁处形成一薄层泥皮，使水无法从内向外或从外向内渗透，防止钻进过程中孔口渗漏坍塌。

成孔：钻孔前检查各部件是否正常，一切正常方可钻进。钻进过程中旋挖钻机回转斗的底盘斗门必须保证处于关闭状态，以防止回转斗内的砂土或黏土落入护壁泥浆中，破坏泥浆的配比。每个工作循环必须严格控制钻进尺度，避免埋钻事故，并适当控制回转斗的提升速度。机具选择方法见图 1 - 10，过程步骤如图 1 - 11 所示。

施工平台搭建

↓

测量放线

↓

设备就位 ← → 废泥浆处理

检测复核 ← 安装护筒 ← 补浆 ← 泥浆系统 → 废泥浆处理

钻进质量检查 ← 钻进成孔

渣土外运 ←

验收 → 清 孔

↓

吊放钢筋笼

↓

导管检查 → 吊放导管

↓

砼配比设计 → 浇注水下砼

↓

移 机

↓

桩质量检测

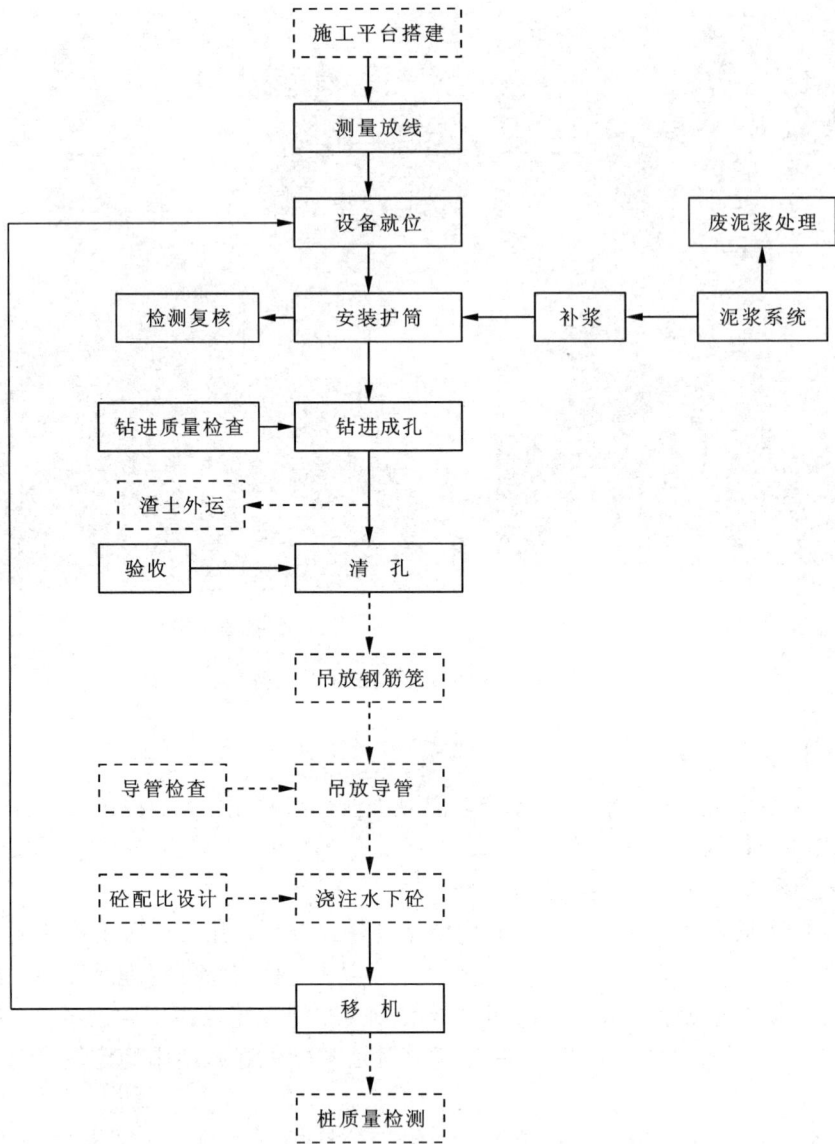

图 1-9 旋挖钻机施工工艺

### 1.4.3 施工安全

（1）在钻机施工前应对场地进行预加固和预平整，如果在斜坡上施工，则应保证倾斜度在允许的范围内，并尽可能沿纵坡方向作业，避免沿横坡方向作业。

（2）钻孔时须保持行驶锁定，避免误操作引起钻机的移动。

（3）对于软地层，如回填土和淤泥层，在施工前要对地面进行预加固，必要时须在旋挖钻机履带下铺垫厚钢板，要求钢板厚度不小于 20 mm，且宽及长均比履带大约 1 m。

（4）在进行倒桅、立桅操作之前，应先将变幅提高到高于驾驶室的位置，这样可以避免

8

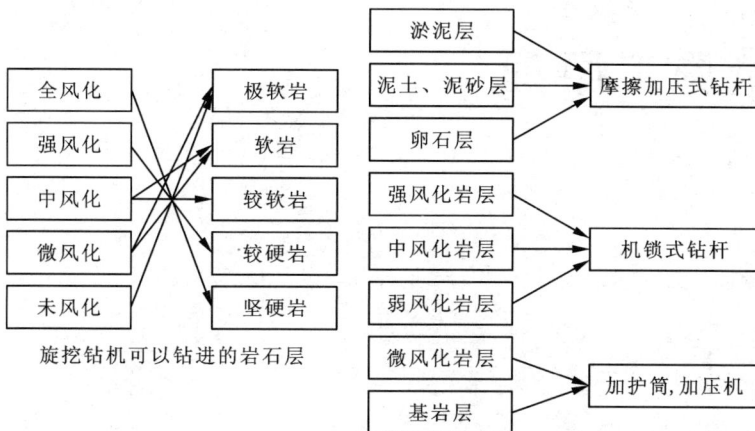

图 1-10　地质和机具的选择

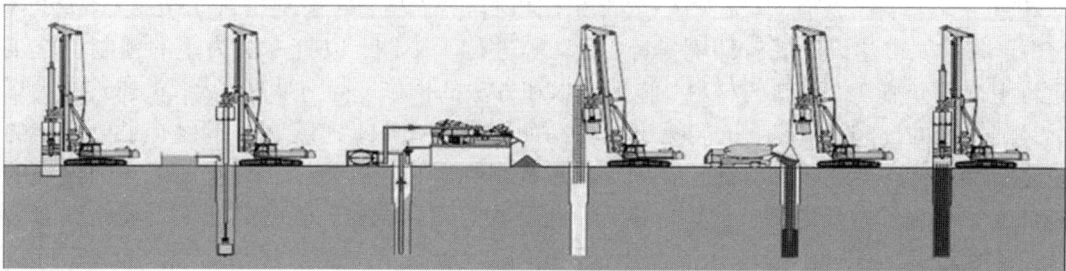

图 1-11　旋挖钻机施工过程

误操作引起的桅杆压到驾驶室。

（5）在钻机工作时必须保持钻机的上、下车方向平行，严禁在垂直方向上进行钻孔作业。

（6）严禁通过快速上下提钻具或者撞击其他物体的方式倒土。

（7）在回转倒土的过程中注意钻斗和变幅距离地面的高度，避免发生碰撞。

（8）操作中，禁止盲目加压或野蛮加压，如果因动力头加压或卷扬机提起钻斗而引起钻机机身翘起，要立即停止操作。

（9）需要维修停机时要确保把钻斗提出了孔外，避免钻斗长时间在孔内而造成埋钻。

（10）钻机底盘的倾斜度不超过 2°时，可以通过调整桅杆垂直度，在不必修整地面的情况下施工。

（11）经常注意钢丝绳在主卷扬卷筒上是否排列有序，若有错乱，应重新绕排。

（12）应经常检查钻杆的工作情况，如有收不回或放不出的现象，或有其他异常情况，应立即报告，禁止盲目处理。

（13）经常注意提引器的工作情况，如发现钢丝绳有扭转现象，则应检查提引器，必要时进行更换。

（14）工作中发现任何不正常征兆均应停机检查，查明原因，修好后方可继续工作。

（15）钻机在不同桩位移动时应注意与完成的桩孔和盲孔保持安全的距离，避免钻机倾覆。

# 第 2 章
# 旋挖钻机施工原理

## 2.1 发展回顾

20 世纪 80 年代以前，工程中一般都采用以打击法为主的预制桩施工机械。80 年代以后，由于各种城市建设法规对环境噪音、振动等进行了限制，以打击法为主的预制桩施工机械逐渐退出建筑施工，而新的材料、施工技术和方法的推广，特别是高、大、重建筑的大量出现，又对建筑的抗震、抗陷、抗裂提出了更高的要求，对施工速度和质量也有了更严格的要求，使混凝土灌注桩及超大口径钻孔施工机械都得到了长足的发展。旋挖钻机在国内外的灌注桩施工中得到了广泛应用，尤其是在欧洲和日本等发达国家，早就成为大直径钻孔灌注桩施工的主要设备。配合不同钻具，可用于干式（短螺旋）、湿式（回转斗）及岩层（岩心钻）的成孔作业。

旋挖钻机具有装机功率大、输出扭矩大、轴向压力大、机动灵活、施工效率高及多功能等特点，已被广泛应用于各种钻孔灌注桩工程。国产旋挖钻机的生产起步于 20 世纪 80 年代，1998 年徐工集团成功开发了国内第一台真正意义上的旋挖钻机。青藏铁路的建设一方面展示了旋挖钻机的优越性，另一方面也提醒了国内的生产厂家，基础施工机械也有很大的发展空间。其后，一些企业纷纷开发旋挖钻机，如三一重机、北京南车、湖南山河智能、福田重工等。目前，我国投巨资进行铁路、公路、电力、城市公共设施等建设，尤其是高铁建设，这为我国旋挖钻机的发展带来了前所未有的机遇。高铁客运专线有 80% 以上为桥梁，桥桩的直径大多在 1.5 m 以下，深度在 60 m 以内，恰好适合旋挖钻机施工。据桩工机械分会统计，2006 年我国旋挖钻机的销量为 350 台左右，2007 年为 450 台左右，2008 年为 900 台左右，2009 年为 1200 台，2010 年达到 1700 台。目前，我国已是世界上最大的旋挖钻机生产国和使用国。图 2-1 所示为国外知名品牌的旋挖钻机。

(a)德国宝峨　　　　　　　(b)意大利土力　　　　　　　(c)日本日车

**图 2 - 1　国外知名旋挖钻机**

## 2.2　基本原理

　　灌注桩是近年来随着建筑材料和施工技术的不断完善而发展起来的。旋挖钻机是靠钻杆带动回转斗旋转切削土，然后提升至孔外卸土的周期性循环作业取土成孔的灌注桩施工机械，适用于黏土、粉土、砂土、淤泥质土、人工回填土及含有部分卵石、碎石的地层。对于具有大扭矩动力头和自动内锁式伸缩钻杆的钻机，可以适应微风化岩层的施工。目前所说的旋挖钻机是指附带摇动套管机构、配备有回转斗和短螺旋及扩孔机具、由全液压驱动、具有超大扭矩的履带式钻孔机械。旋挖钻机的结构从功能上分为行走装置和工作装置两大部分。行走装置可分为履带式底盘和汽车底盘式两种，三一重机生产的旋挖钻机只有 SRC108 采用了汽车底盘，其余皆采用了液压伸缩履带式底盘。

　　旋挖钻机成孔，首先是通过钻机自有的行走功能和桅杆变幅机构使得钻具能正确到达桩位，然后利用桅杆导向下放钻杆，将底部带有活门的桶式钻头放置到孔位。利用钻机动力头装置为钻杆提供扭矩，利用加压装置通过加压动力头的方式将加压力传递给钻杆钻头，钻头回转破碎岩土，并直接将其装入钻头内，然后再由钻机提升装置和伸缩式钻杆将钻头提出孔外卸土，这样循环往复，因此钻孔过程可分解为对孔、下钻、钻进、提钻、回转、卸土六个工作步骤。对孔过程中为了保证钻桅的垂直度，钻机采用了平行四边形平动机构，结合上车回转机构完成孔的定位。下钻时由于钻具质量较大，所以要控制下降速度，将钢丝绳与钻杆通过提引器(回转接头)连接，采用卷扬提升系统控制钻具的升降，钻斗触地时卷扬马达自由下放，并开启浮动功能，实现随重跟钻，防止出现因放绳与钻进速度不同步而产生的绕绳现象。

钻进过程中动力头驱动扭矩通过动力头的驱动套键传递给钻杆，钻杆最终将扭矩传递到钻斗以实现钻进。动力头在加压油缸的作用下沿桅杆滑道上下移动，在钻孔过程中可以实现对钻头的加压和辅助起拔。钻斗装满土后由卷扬提钻，采用与负载无关的速度控制方式以实现匀速提钻。卸土时上车整体旋转至侧面，通过卷扬牵引钻头与动力头撞击，打开弹簧式开销器卸土，卸完土后自动回转定位到原工作位置，至此完成一个工作循环。如此循环往复，不断地取土、卸土，直至钻至设计深度。

旋挖钻机的功能分解如图 2 - 2 所示。旋挖钻机可分为施工与运输两种状态。两种状况下机械各部分的形式不一样，运输状态时，将卸除部分工作装置，以便于运输。图 2 - 3 所示为两种状态下的机械状况。

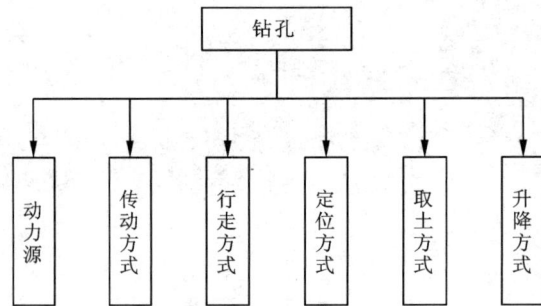

图 2 - 2　功能分解

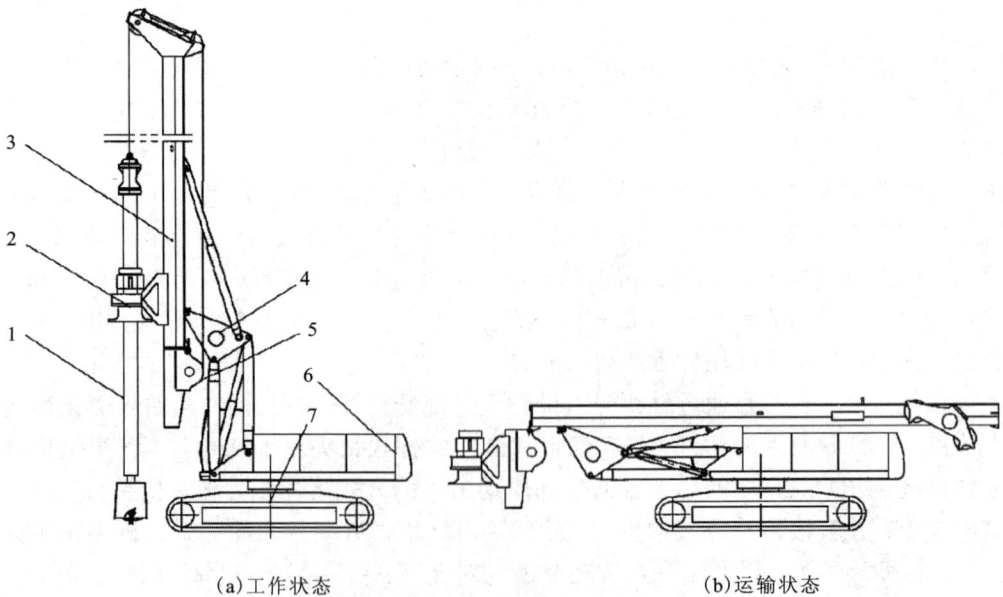

(a)工作状态　　　　　　　　　　(b)运输状态

图 2 - 3　旋挖钻机施工和运输的两种状态

1—钻具总成；2—动力头总成；3—钻桅总成；4—变幅机构总成；
5—卷扬总成；6—上车回转总成；7—行走总成

12

从机械运动形式上，旋挖钻机的基本动作可分成钻孔运动、提钻运动、变幅运动和回转运动四种，如图 2 - 4 所示。

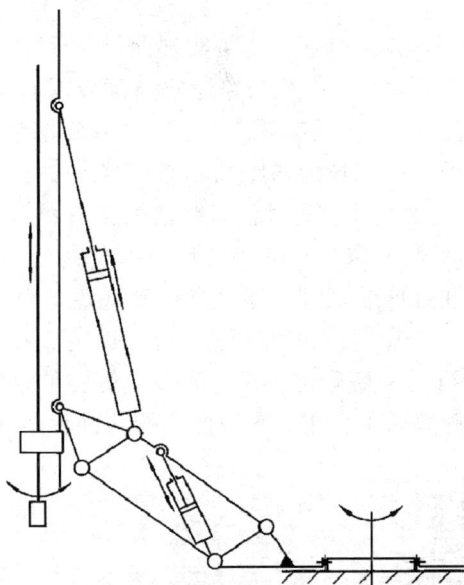

图 2 - 4　旋挖钻机运动机构示意

## 2.3　主要参数

旋挖钻机的主要参数包括：

（1）发动机额定功率，用于确定整机能力；

（2）液压系统额定压力，用于控制液压系统工作压力，选用相应管路和元件；

（3）动力头额定输出扭矩，直接决定钻进力量，为钻机的主参数，如三一重机的 SR155 产品，S 代表三一，R 代表旋挖钻产品，155 代表最大输出扭矩为 155 kN·m。

（4）最大钻孔直径，决定基桩孔钻孔的直径工作范围；

（5）加压油缸最大钻压力，决定使用机锁式钻杆加压钻进时提供的加压能力；

（6）加压油缸最大提拔力，决定使用机锁式钻杆提拔钻杆时提供的提拔能力；

（7）主卷扬提升力，决定钻进完成后提升钻头、钻杆的能力；

（8）主卷扬提升速度，与钻进动作一起，决定钻进及成孔速度；

（9）钻机行走最大牵引力，决定设备在施工场地的爬坡行走能力；

（10）工作状态设备宽度，决定钻机的稳定性及占用孔位间场地的宽度；

（11）最大钻深，决定钻机的钻进深度；

（12）桅杆最大工作变幅，决定桅杆的重心和稳定性，以及钻机的工作范围调整能力；

（13）在运输状态下履带外侧的横向宽度，决定运输宽度，与工作状态设备宽度一起决定履带伸缩变幅的能力；

（14）整机重量，影响接地比压及整机运输重量。

## 2.4　关键部件

旋挖钻机的行走机构通过液压系统控制，可实现前行、后行、左转弯、右转弯、原地转向等功能，从而驱动钻机的行走和移位。由于公路运输宽度要求在 3.5 m 以内，旋挖钻机运输时不得超宽，总宽必须控制为 3.2 m；而在施工时，考虑到旋挖钻机的重心较高，钻进作业时桅杆又需前探至钻孔孔位，而且施工场地的路面不够坚实、平整，而在钻场行走和施工时又要求钻机对地面有足够大的支承面积，此时就需要增大左右履带跨度。因此，履带底盘设计为可伸缩式，既能满足运输宽度要求，又可保证作业时的稳定性。其左右履带能够自由伸缩，通过下底盘的履带变幅油缸伸缩来带动履带梁调整底盘宽度，由导向限位杆及伸缩支腿上的限位块来进行伸缩限位，依靠定位销轴来进行位置锁定。进行履带伸缩前，应将整个上车体回转至一侧履带，再进行另一履带的伸缩。完成此侧的伸缩，装好定位销后，再将上车体回转至另一侧，完成相对侧履带的伸缩，履带伸缩的两种状态如图 2 – 5 所示。

图 2 – 5　履带伸缩的两种状态

旋挖钻机各主要部件在主机上的位置如图 2 – 6 所示，而其主要作用分列如下。

配重：增加钻机的稳定性。

动力头：为钻杆、钻斗提供回转扭矩。

上车体：放置发动机、液压系统、控制系统和驾驶室。

动臂：连接三角架与上车体，通过动臂的转动可调节桅杆到上车体的距离。

变幅油缸：控制动臂的转动。

支撑杆：与动臂同步转动，保证三角架与上车体的平行。

副卷扬：用于吊装护筒等，是钻机的辅助起重设备。

三角架：用于放置副卷扬。

桅杆油缸：用于调节桅杆的角度。

副卷扬钢丝绳：用于吊装护筒等，是钻机的辅助起重设备。

主卷扬钢丝绳：用于提升和下放钻杆。

中桅杆：钻杆和动力头的导向。

上桅杆：钻杆的导向。

滑轮架：放置钢丝绳导向滑轮，并对钢丝绳支承、导向。

提引器：连接主卷扬钢丝绳和钻杆，防止主卷扬钢丝绳扭曲。

随动架：用于钻杆的导向和钻杆回转支撑的安装。

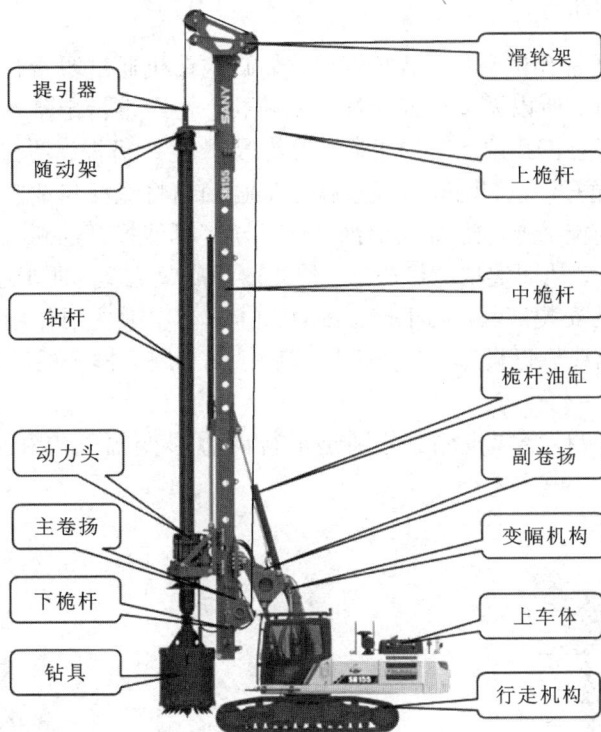

图 2 - 6　主要部件位置示意

钻杆：伸缩式管状钻杆，钻杆全长决定钻孔深度，将来自动力头的扭矩和压力传递到钻斗（钻头）。

加压油缸：为动力头提供钻进的加压力和提升的起拔力。

桅杆转盘：桅杆和三角架的回转连接。

主卷扬：用于提升和下放钻杆。

钻头：钻取渣土。

主卷扬机架：用于放置主卷扬和动力头的导向。

下桅杆：用于动力头的导向。

## 2.5　工作装置

旋挖钻机的工作装置包括变幅机构、桅杆总成、随动架、动力头、主卷扬、辅卷扬、加压装置、钻杆、钻具等。桅杆变幅及扶正机构通过铰接盘支撑桅杆，通过桅杆变幅油缸对桅杆进行前后变幅，通过桅杆扶正油缸对桅杆进行调正。桅杆采用箱式结构，动力头导轨采用成型钢管。三一产的主辅卷扬安装在桅杆后下方，可增大钢丝绳包角，其他厂家产品不统一。动力头通过导向爪安装于桅杆导轨之上，加压油缸缸筒固定于桅杆前方，活塞杆耳环通过销轴与动力头连接，加压油缸通过动力头对钻杆顶键进行加压，同时带动钻杆侧键回转，进行加压回转钻进。

15

### 2.5.1 变幅机构

旋挖钻机施工时通常孔位密集，需频繁移位。旋挖钻机通过履带行走更换孔位，但微量调整依靠履带比较麻烦，所以需设计四连杆变幅机构，在履带行走基本到位后，通过调整变幅油缸，方便地将钻杆对正孔位。变幅机构是联结支撑整个桅杆、钻杆与底盘间的机构，可通过左右扶正油缸将桅杆调正，同时可通过扶正油缸回缩将桅杆与钻杆放水平。考虑到运输和安全的需要，桅杆应能放平，通过变幅油缸的回缩，可使桅杆前趴，同时通过扶正油缸的回缩，可使桅杆放水平，从而实现桅杆放平，使之落于底盘之上，便于运输。

变幅机构是桅杆的安装部件，用于连接桅杆和上车体。其主要作用是使桅杆在垂直于机身的平面内运动，远离或靠近机体，改变桅杆前后倾角，调节桅杆的工作幅度或运输状态的整机高度。

旋挖钻机主要有两种变幅机构，分别是平行四边形变幅机构和大三角变幅机构，如图 2 - 7 所示。

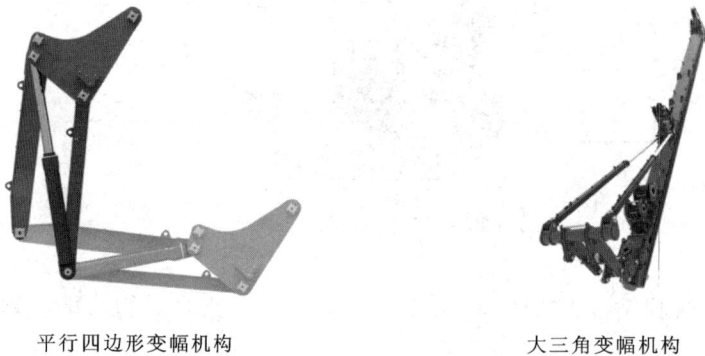

平行四边形变幅机构　　　　　　　　　　大三角变幅机构

图 2 - 7　两种变幅机构

四边形变幅机构如图 2 - 8 所示。工作原理是通过变幅油缸、桅杆油缸的作用，使桅杆远离或靠近机体，改变桅杆前后倾角，调节桅杆的工作幅度或运输状态的整机高度。回转台、动臂、支撑杆、三角架通过销轴铰接，组成一个平行四边形机构。当变幅油缸伸缩而改变工作幅度时，桅杆和三角架只作上下平行移动，以满足桅杆平移、升降的工况要求。桅杆采用四连杆变幅机构，可使桅杆放平，便于移动和运输。

大三角变幅机构及运动方式如图 2 - 9 所示。桅杆油缸连接门架和桅杆。门架、左右桅杆油缸从远处看形成大三角结构，通过桅杆油缸的伸缩调整桅杆的左右和前后倾角。当变幅油缸伸缩而改变工作幅度时，桅杆只作平面内的平行移动，以满足桅杆平移、升降的工况要求。

动臂 三角架(含副卷扬)

动臂油缸 支撑臂

压绳器 三角架

副卷扬卷筒 副卷扬马达减速机

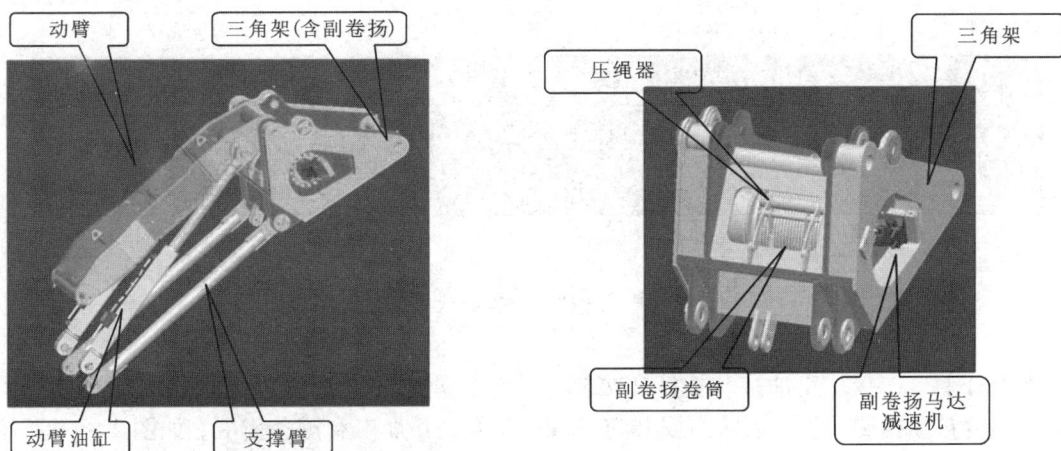

**图 2 – 8 平行四边形变幅机构及三角架组成**

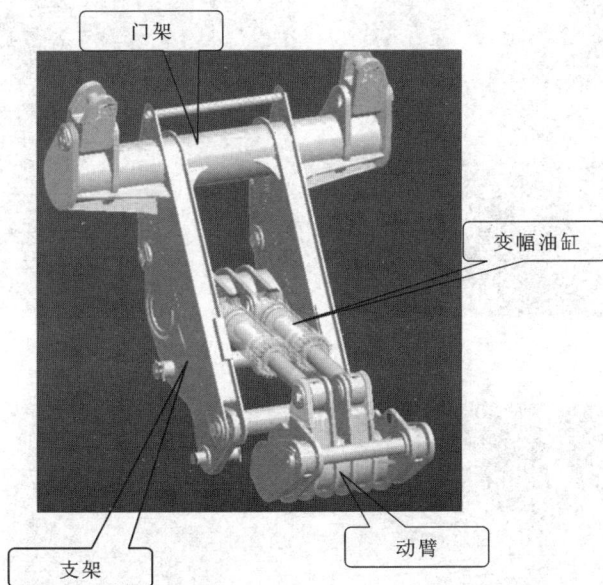

门架

变幅油缸

支架 动臂

**图 2 – 9 大三角变幅机构**

## 2.5.2 桅杆总成

桅杆总成由桅杆和滑轮架组成,如图 2 – 10 所示。

桅杆是钻机的重要机构,是钻杆、动力头的安装支承部件及其工作进尺的导向部件。其上装有加压油缸,动力头通过加压油缸支承在桅杆上,桅杆左右两侧有矩形导轨,桅杆对这两个工作机构(动力头、随动架)的工作进尺起导向作用。

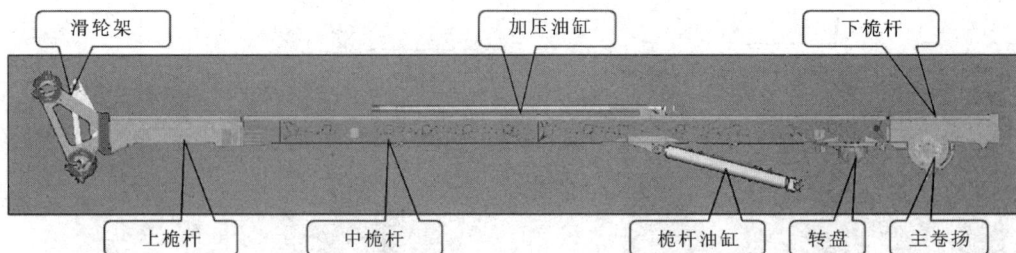

图 2 - 10  桅杆总成

主桅杆上有连接扶正油缸和桅杆变幅机构的连接座和接盘。桅杆上安装有倾角传感器，具有垂直度自动检测功能，顶轮组安装有测深传感器，并加工有测速齿圈，如图 2 - 11 所示。转速传感器安装于顶轮组的固定架上，以感应齿圈转过的齿数，经控制器运算其可实时自动检测并显示桩孔深度。下桅杆设有主卷扬，结构如图 2 - 12 所示。

图 2 - 11  测深滑轮构成

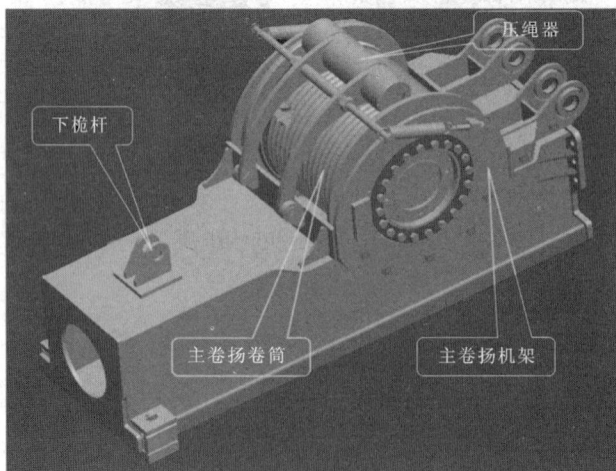

图 2 - 12  下桅杆构成

18

桅杆是钻杆悬挂、安装、导向和承压的部件，同时为保证钻进要求，它还必须具有垂直度和深度自动检测功能。桅杆由于较长，考虑到运输安装的需要，需设计成可折叠形式，分为桅杆上段、中段、下段。运输状态时，将上段、下段折叠安装，以减小运输状态时整机的长度。运输状态的桅杆折叠形式如图 2 - 13 所示。

**图 2 - 13   桅杆折叠运输方式**

滑轮架结构如图 2 - 14 所示，其安装于桅杆的顶端，工作时用螺栓与桅杆连接。

滑轮架上的主卷扬滑轮和辅卷扬滑轮用于改变卷扬钢丝绳的运动方向，是提升、下放钻杆和起吊物件的重要支撑部件。滑轮架为折叠式，运输时与桅杆铰接连接，以降低运输状态时整机的高度。

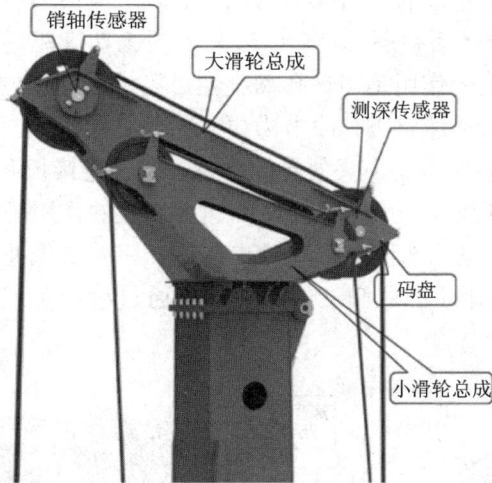

**图 2 - 14   滑轮架构成**

### 2.5.3   随动架

随动架是钻杆工作的辅助装置，结构如图 2 - 15 所示，其一端装有轴承并与钻杆螺栓连接，对钻杆起回旋支承作用；另一端设有导槽并与桅杆两侧导轨滑动连接，运行于桅杆全长，是钻杆工作的导向部件，扶持钻杆正常工作。

图 2-15 随动架

### 2.5.4 动力头

动力头是钻机最重要的工作部件,结构如图 2-16 所示,它由液压马达、减速机、动力箱、缓冲装置、滑移架、连接板、下压盘、防护栏组成,其动力传递如图 2-17、图 2-18 所示。由于地质情况不同,钻进时所需的扭矩也随时变化,选用变量马达可自动改变扭矩和转速,经行星减速机和齿轮传动箱增扭,通过减震器内的键组驱动钻杆钻进,导向架与加压油缸连接,可进行加压钻进。动力箱内有一组与回转支承固定在一起的齿圈,齿圈与轮毂固定,轮毂内壁有三组驱动键。液压马达的高速旋转通过减速机减速以后,将减速机的动力输入给动力箱中的齿轮轴,齿轮轴的小齿轮与齿圈啮合,形成最后一级减速。与轮毂固定在一起的齿圈,在回转支承的支撑下被驱动旋转,轮毂上的驱动键驱动钻杆旋转,实现钻机钻孔工作的旋转运动。缓冲装置的作用是当钻孔深度超过第一层钻杆的长度时,下钻杆时会冲击动力头,特别是卡钻时的意外情况下,冲击力更大,此时缓冲装置可缓解对动力头的冲击,保护动力头不受损坏。滑移架是动力头的导向部件,通过连接板和销轴与动力箱固定,在对钻孔加压和对动力头起拔工况下,沿桅杆导轨导向。压盘的作用是在钻斗上提时与钻斗上的碰块相撞,打开钻斗卸渣。动力头匹配两种输出转速:一种是低速大扭矩,用于正常成孔作业;另一种是高速小扭矩,用于空载卸土。两种转速通过液压系统进行切换,切换时有 3 秒滞后延时。

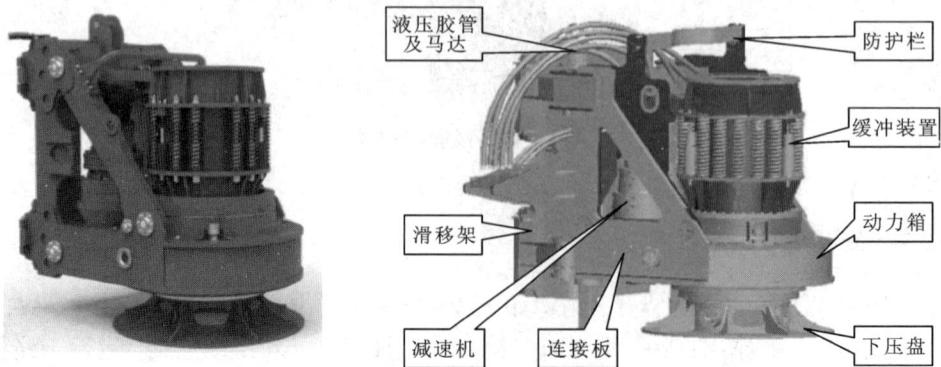

图 2-16 动力头

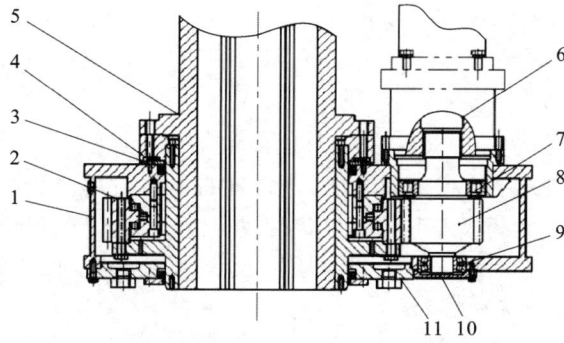

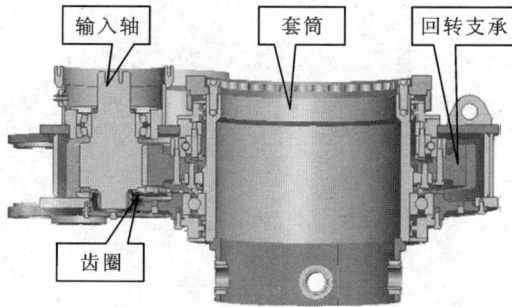

图 2－17　动力头内部结构

1—动力箱；2—回转支承总成；3—过渡连接盘；4—密封圈；5—驱动套筒；
6—减速机；7—轴承；8—小齿轮；9—轴承；10—轴承盖；11—下密封盖

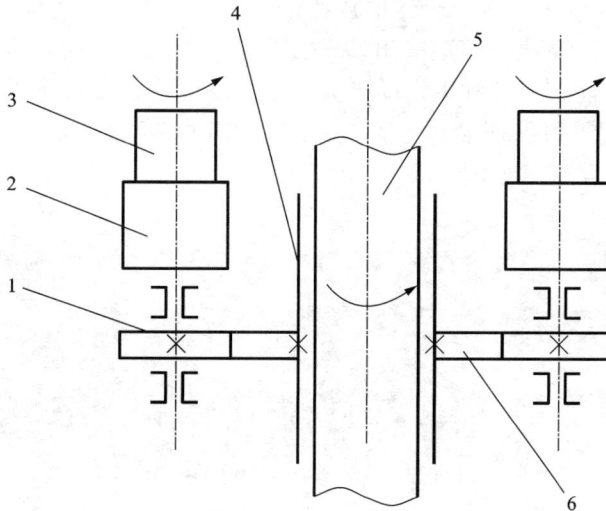

图 2－18　动力头动力传递原理

1—小齿轮；2—行星减速机；3—马达；4—驱动套筒；5—钻杆；6—回转支承

动力头的主要部件有动力箱、输入轴、回转支承、套筒、轴承、油封、齿圈等，其工作原理为：马达、减速机与输入轴连接，将传递的扭矩及转速经输入轴通过齿轮啮合驱动齿圈，齿圈通过螺栓及锥销驱动套筒；套筒上端螺纹孔用于连接护罩，护罩连接缓冲装置键套体，最终将动力传递给键套体。

箱体内的润滑油牌号为壳牌 80W − 90 重负荷齿轮油，加注方法为：将空气滤清器拆下，沿注油孔加注润滑油至观察孔 1/2 ~ 2/3 处。放油时拧开下部螺塞即可放油。

动力头新机需在首次运行 250 h 后更换齿轮油，以后每运行 1000 h 更换一次齿轮油，并对箱体进行清洗。动力箱输出端上下油封采用锂基黄油润滑，工作期间每 50 h 保养一次。动力头分解结构如图 2 − 19 所示。

图 2 − 19  动力头分解

### 2.5.5  主卷扬

主卷扬由变量液压马达、内藏式行星减速机、卷筒及排绳器等组成。液压马达自动变量，可实现低速大扭矩、高速小扭矩输出动力，既保证了快速的提升速度，又可在需要时提供较大的提升力，并且能够充分利用发动机的功率，减小马达和减速机的体积，降低主卷扬组的重量。卷筒及压绳器可保证绕绳不乱，减小钢丝绳的绳间磨损。主卷扬在桅杆的位置及外形如图 2 − 20 所示。

图 2 − 20  主卷扬位置及外部布置

由于旋挖钻机每钻进一次钻杆，主卷扬需提土一次。不同的地质条件和不同的施工条件，所需的主卷扬提升力不同。对于这种逐次取土的钻进模式，主卷扬的提升力和提升速度

22

是影响旋挖钻机施工效率的主要因素。压绳器的作用是保证钢丝绳的缠绕质量。液压马达、减速机、卷筒、压绳器位置示意图如图 2-21 所示。

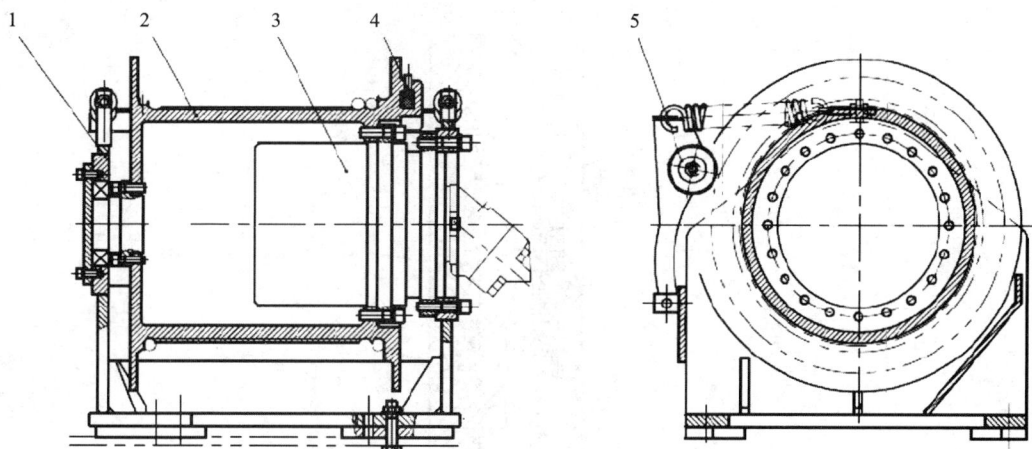

图 2-21　主卷扬工作原理

1—支架；2—卷筒；3—锁绳器；4—减速机；5—压绳器

　　钻杆的钻进下行过程中，主卷扬钢丝绳随钻杆钻进放绳随动。液压马达阻尼浮动实现了主卷扬钢丝绳的钻进随动，避免了钻进时拉断钢丝绳。提升和下放钻杆的工作由液压系统驱动和控制。在旋挖钻机进行成孔工作时，须打开主卷扬制动器，使系统中的主卷扬马达进和回油通道互相导通，使卷扬系统处于浮动状态，这样才能操作加压油缸对钻杆进行加压，以便钻杆顺利进行钻进。

　　钻杆、提引器、滑轮组、主卷扬由钢丝绳联系在一起，主卷扬卷动钢丝绳通过导向滑轮和上桅杆上的大小滑轮组，改变钢丝绳的运动方向，滑轮组上设置有测深传感器和销轴传感器。测深传感器测量钻进深度；销轴传感器检测主卷扬拉力，判断钻头是否触底。卷扬松放过程如图 2-22 所示。如果不用提引器与钻杆连接，钻杆的旋转运动会导致钢丝绳过劲和松劲，造成损坏和影响起吊。使用提引器可有效释放工作过程中的大量动载荷。施工时应确保提引器处于有效的工作状态。提引器如图 2-23 所示。

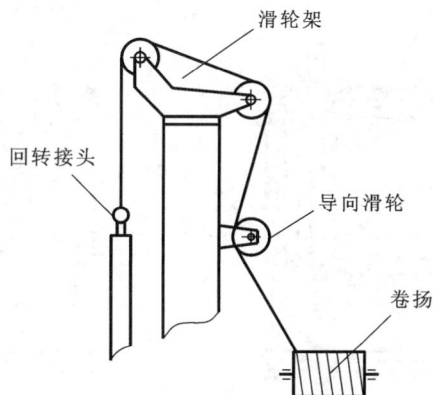

图 2-22　主卷扬提升原理

23

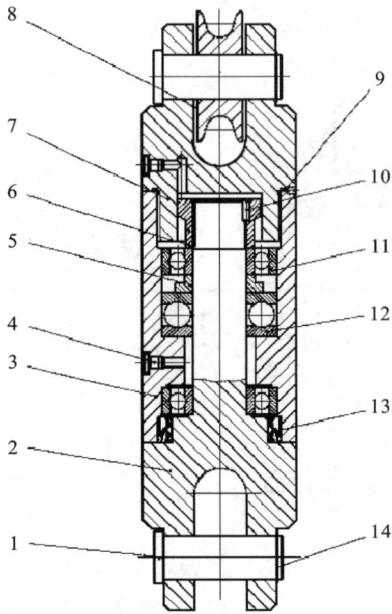

**图 2 – 23　提引器结构图**

1—销轴；2—底座；3—中间体；4—压力油杯；

5—套筒；6—锁紧螺母；7—上座；8—钢丝绳卡套；9—螺钉；

10—锁紧螺钉；11—轴承；12—压力轴承；13—密封圈；14—挡圈

### 2.5.6　辅卷扬

　　辅卷扬由定量液压马达、内藏式行星减速机、卷筒及排绳器等组成。辅卷扬由于使用频率低，并且属于辅助吊装作业，对速度和力量的匹配无过多要求，故采用定量马达即可。辅卷扬置于三角架内，见图 2 – 9。吊装钻具以及其他不大于额定起重量的重物，是钻机进行正常工作的辅助起重设备。辅卷扬及压绳器如图 2 – 24 所示。

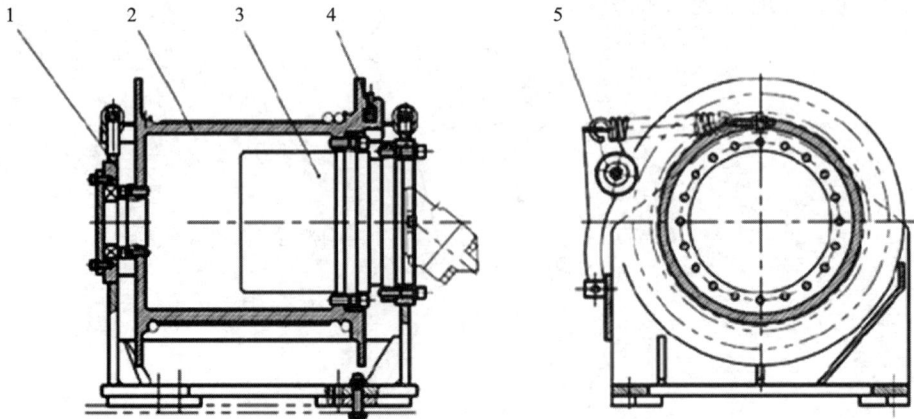

**图 2 – 24　辅卷扬及压绳器**

### 2.5.7　加压装置

加压装置由加压油缸和动力头总成组成,油缸采用可实现匀速控制的加压油缸。钻进时,如遇到较硬底层或黏滑底层,钻具难以进给,即需加压钻进,故旋挖钻机设置了加压油缸,并配以机锁加压式钻杆。也有些主机考虑到加压油缸加压和提拔力均较大,且油缸有杆腔和无杆腔两侧面积差也较大,为实现匀速加压和提拔,采用了差动油缸。活塞杆伸出端联结动力头加压钻进,缸底固定于桅杆上的连接座上。加压油缸活塞杆连接于动力头滑移架上。采用摩擦式加压钻杆时,钻杆作旋转运动,钻杆键侧与动力头轮毂的键产生正压力,正压力产生摩擦力,由于加压油缸对动力头的加压动作,通过此摩擦力可实现钻杆钻孔工作的进给运动。采用机锁加压式钻杆时,加压油缸的加压力通过动力头的轮毂端面与钻杆加压点接触,可实现钻杆钻孔工作的进给运动。由于此方式需解锁,有时解锁不彻底,容易造成卡钻,故只有当钻孔进给阻力大时才采用。通过加压油缸活塞杆的伸出,可实现钻孔时的进给加压。加压油缸活塞杆缩回,起拔动力头,在埋钻的情况下,也可以用来起拔。加压油路上装有平衡阀,在不向加压油缸供油的情况下,可以将动力头可靠地锁定在加压行程的任意位置上,原理图和平衡阀外形如图 2 – 25 所示,加压油缸在桅杆上的位置如图 2 – 26 所示。

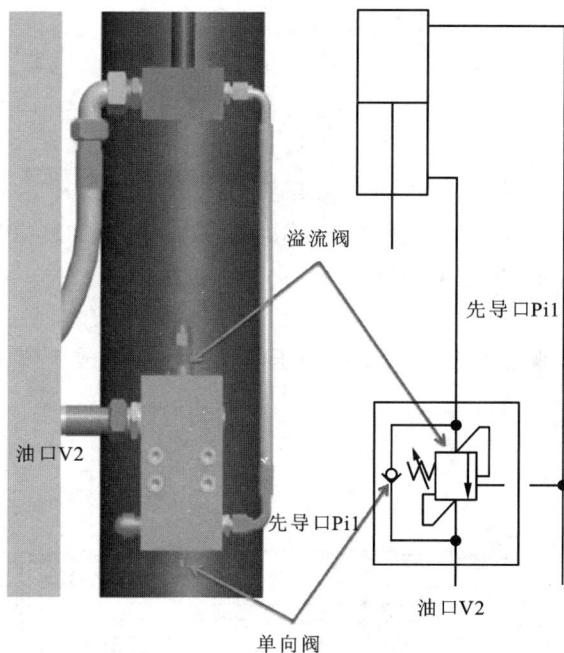

**图 2 – 25　加压油路原理图及平衡阀**

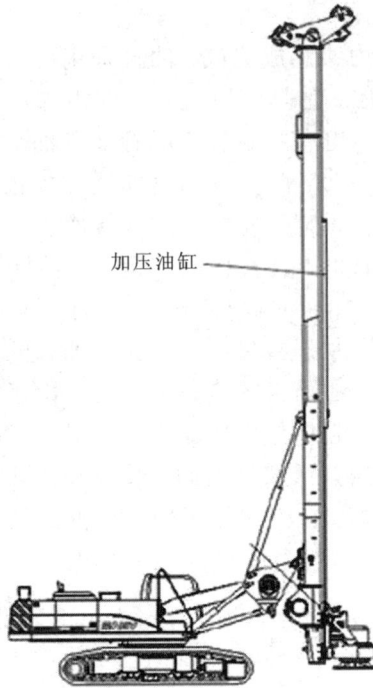

加压油缸

图 2 – 26　加压油缸的位置

## 2.5.8　钻杆

钻杆是钻机向钻具传递扭矩和压力的重要部件。根据钻孔时采用的钻进加压方式的不同，钻杆分为三种类型：摩擦加压式钻杆(简称摩擦杆)、机锁加压式钻杆(简称机锁杆或凯式钻杆)和组合加压式钻杆(简称组合杆)。

摩擦加压式钻杆如图 2 – 27、图 2 – 28 所示，其一般用于较软地层的钻孔施工，可钻进淤泥层、泥土、(泥)砂层、卵(漂)石层。摩擦加压式钻杆一般制成 5 节，第 1～4 节杆的每节钢管长 13 m。钻孔深度为 60 m 左右。

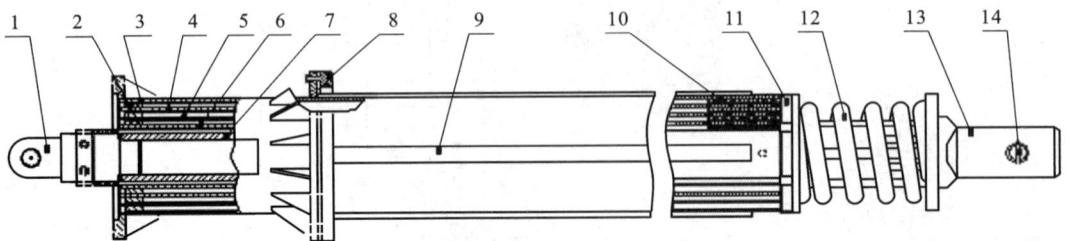

图 2 – 27　摩擦式钻杆

1—扁头；2——杆挡环；3—第 1 节杆；4—第 2 节杆；5—第 3 节杆；6—第 4 节杆；7—第 5 节杆；
8—减振器总成；9——杆外键；10—杆内键；11—弹簧座(托盘)；12—钻杆弹簧；13—方头；14—销轴

图 2-28 摩擦加压式钻杆

机锁加压式钻杆如图 2-30、图 2-31 所示，其不但可用于软地层施工，也可用于较硬地层施工。机锁加压式钻杆可钻进淤泥层、泥土、(泥)砂层、卵(漂)石层和强风化岩层。机锁加压式钻杆一般制成 4 节，第 1~3 节杆的每节钢管长 13 m。钻孔深度可达 50 m。

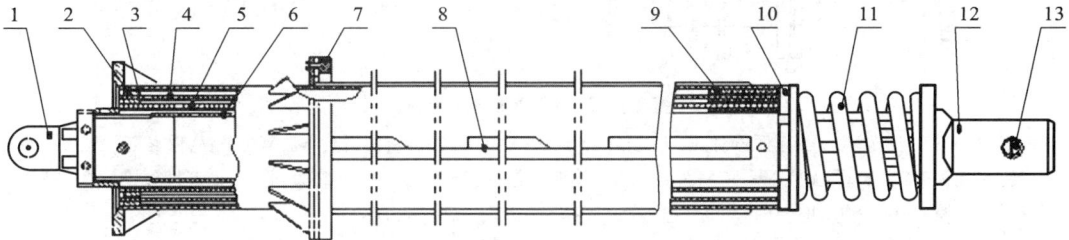

图 2-29 固定点分段机锁加压式钻杆

1—扁头；2——杆挡环；3—第 1 节杆；4—第 2 节杆；5—第 3 节杆；6—第 4 节杆；7—减振器总成；
8——杆外键；9——杆内键；10—弹簧座(托盘)；11—钻杆弹簧；12—方头；13—销轴

图 2-30 机锁加压式钻杆

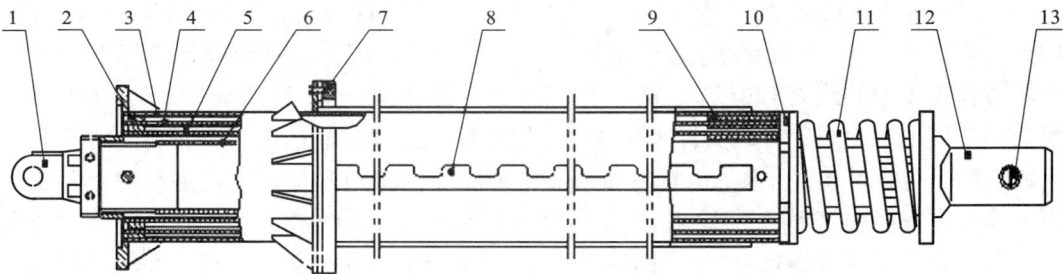

图 2-31 多点连续机锁加压式钻杆

1—扁头；2——杆挡环；3—第 1 节杆；4—第 2 节杆；5—第 3 节杆；6—第 4 节杆；7—减振器总成；
8——杆外键；9——杆内键；10—弹簧座(托盘)；11—钻杆弹簧；12—方头；13—销轴

组合加压式钻杆：如图2-32所示，是近年来出现的一种将机锁杆（如第1、2、3节杆）和摩擦杆（如4、5节杆）组合在一起的钻杆。该钻杆在孔深0～30 m范围内可钻较硬地层，在孔深30～60 m范围内可用于软地层钻孔施工。该钻杆特别适用于上硬下软、较深桩孔的钻孔施工。

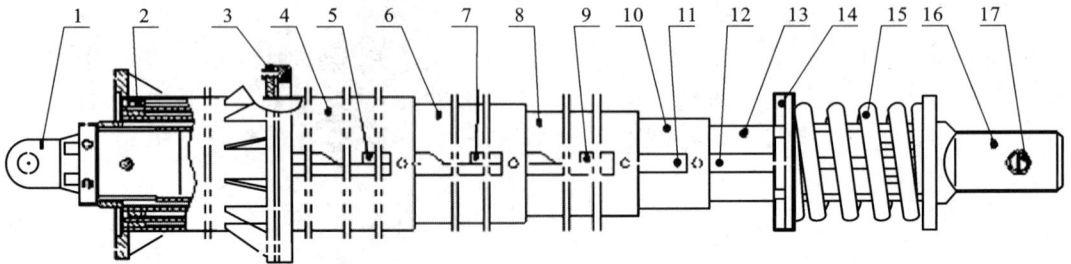

图2-32　组合加压式钻杆

1—扁头；2——杆挡环；3—减振器总成；4—第一节钻杆（机锁）；5——杆外键；6—第二节钻杆（机锁）；7—二杆外键；8—第三节钻杆（机锁）；9—三杆外键；10—第四节钻杆（摩擦）；11—四杆外键；12—五杆外键；13—第五节钻杆（摩擦）；14—弹簧座（托盘）；15—钻杆弹簧；16—方头；17—销轴

工作原理：钻杆第一节（最外部一节）采用矩形牙嵌与动力头相配合，以传递扭矩和压力，上端通过回转支承和支承架与滑轨连接，使之在自由转动的同时能上下滑动。里面各节钻杆也采用矩形牙嵌与其外面一节钻杆相配合，当牙嵌嵌合时能传递扭矩轴向压力，而当牙嵌分离时，各节钻杆可以自由伸缩，最里面一节钻杆上端通过万向节与主卷钢丝绳相连，钻杆回缩时，通过主卷钢丝绳来提升，下端与钻头相连接。钻杆节杆号指旋挖钻机钻杆是由数节直径大小不等的钢管和内外键制成的杆套装而成的，其各节杆的名称从外向里分别定义为：第1节杆、第2节杆、第3节杆……每节杆钢管的外圆按120°均布焊有通长外键；除最里边一节杆外，每节杆下管（长度500～1000 mm）钢管内的圆弧面上都焊接（或安装）了内键（内键长度500～900 mm），形成了120°均布的三个内键槽，与其相邻内杆的外键配装，并留有足够的间隙，使外键能在内键槽内全长自由伸缩滑动；除第1节杆外，每节杆的上端部都焊接（或安装）有挡环。摩擦杆结构如图2-33所示。摩擦杆各节杆上的外键是焊在钢管上的圆周120°均布的3条（或6条）通长钢条，无台阶（无加压点）。机锁杆各节杆上的外键是焊在各节杆钢管上的圆周120°均布的3条（或6条）带有加压端面（有台阶）或齿面的钢条。最里边一节杆上端部焊装有扁头，其与提引器相连接，通过旋挖钻机的主卷扬、钢丝绳将钻杆吊起；其下端部焊装有方头，由它将动力头传来的旋挖扭矩和加压力传递给钻具；在该杆的下部还装有减振弹簧和弹簧座（托盘），这两个零件托着其他各节钻杆，在提、放钻杆操作时减小其他各节钻杆的惯性冲击，对提引器、钢丝绳和主卷扬等零部件起缓冲保护作用。第一节杆上端部焊（装）有可与随动架的滚动支撑连接的法兰盘，通过螺栓与随动架连接；在其上部安装有橡胶减振环，以减小钻杆对动力头的冲击。钻杆在完全缩进状态被安装到旋挖钻机上，整根钻杆的重量都通过最内一节杆的扁头和提引器相连接，主要作用在主卷扬钢丝绳上。最内一节杆则通过焊接（或安装）在其上的圆盘和安装的弹簧、弹簧座（托盘）将其他各节杆托起（弹簧座的外径与一杆钢管外径相同）。

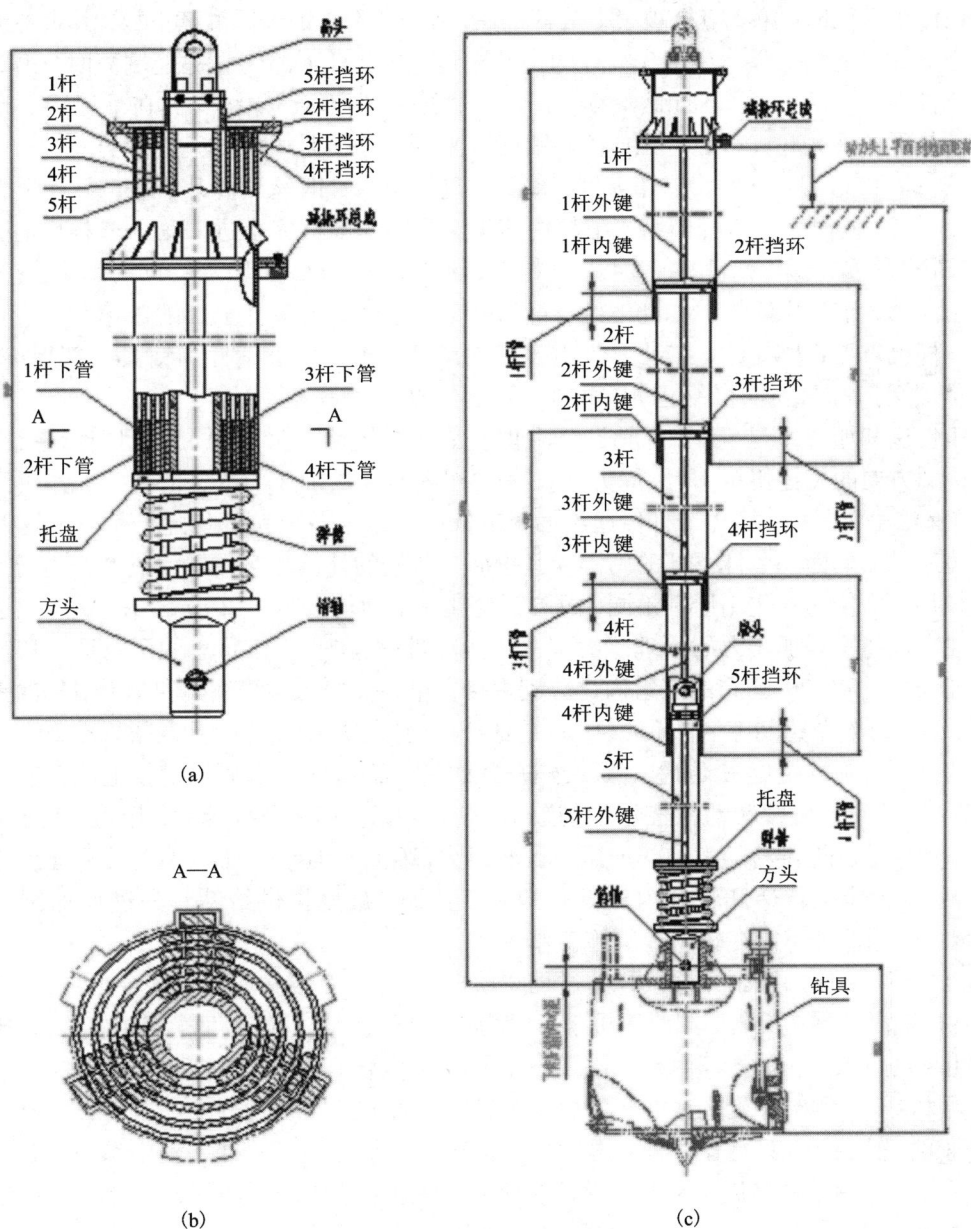

(a)

A—A

(b)　(c)

**图 2 - 33　摩擦杆结构图**

外键作用：传递旋挖扭矩和加压力。

内键作用：①传递旋挖扭矩和加压力；②与相邻内杆钢管径向定位。

挡环作用：①与相邻外杆钢管径向定位；②该杆完全从其外杆向下伸出时，挡环被其外杆内键上端面挡住，以阻止该杆从其外杆下管滑落脱出。

下放(伸出)过程：钢丝绳下放，钻杆由于自重整体下降，第 1 节杆在动力头内键套内滑动下降。当第 1 节杆上的减振环碰到动力头上平面时，第 1 节杆被动力头托住，停止下降；

钢丝绳继续下放，其余各节杆在重力作用下一起继续下降。当第2节杆的挡环碰到第1节杆的下管内键上端面时，第2节杆被第1节杆挡住，停止下降；钢丝绳继续下放，其余各节杆在重力作用下一起继续下降。当第3节杆的挡环碰到第2节杆下的管内键上端面时，第3节杆被第2节杆挡住，停止下降。如此继续，直到各节杆全部伸出，并将安装在最里边一节杆方头上的钻具下放到孔底。由此可见，各节钻杆的伸出(下放)是由外向里进行的。

提升(缩进)过程：以第5节杆为例，每次钻进结束后，钢丝绳提升，第5节杆带着钻具一起向上提升，同时第5节杆向第4节杆内缩进。当第5节杆完全进入第4节杆内时，安装在第5节杆上的弹簧座(托盘)将第4节杆托起，带着第4节杆一起上升，同时第4节杆、第5节杆一起向第3节杆内缩进。如此继续，直到第5、4、3、2各节杆全部缩进第1节杆内，并且第1节杆也被弹簧座托起，在动力头内键套内滑动上升，直至钻杆和钻具全部提出地面。由此可见，各节钻杆的提升(缩进)是由内向外进行的。

扭矩传递和加压原理：钻机在钻孔作业时，钻杆要将动力头的两个作用力传递给钻具，一个是圆周方向的旋挖扭矩 $M$(圆周力 $F$)；另一个是轴向的加压力 $N$。把这两个作用力从第1节杆传递给第2节杆，第2节杆传递给第3节杆……最末一节钻杆传递给钻具。这两个作用力的传递是靠外面一节杆下部的内键和其里面一节杆的外键相互作用完成的。由于摩擦杆和机锁杆加压力传递的作用原理不同，故分开论述。下面均以第1、2节钻杆为例来论述各节钻杆传递旋挖扭矩和加压力的原理。图2-34(a)是钻杆在非工作状态的示意图。120°均布的三条通长外键和120°均布的三组内键分别焊接在第2节杆的钢管外圆和第1节杆的钢管内圆上，$\delta_2$ 是内外键单边间隙。图2-34(b)是钻杆在旋挖、加压状态的示意图。动力头通过其内键套的键齿将旋挖扭矩 $M$ 传递给第1节杆，第1节杆转动，当右侧内键顶上第2节杆外键后(见图2-34(b))继续转动，把扭矩传递给了第2节杆。第2节杆转动，把扭矩传递给第3节杆……加压油缸提供给动力头的加压力虽然很大(20 t)，但经过动力头内键套键齿侧与第1节杆外键侧的摩擦传递和各杆内外键侧的摩擦传递，最终提供给钻具的进尺加压力却很小，所以使用摩擦杆不能在较硬地层施工作业。

机锁杆锁杆：使加压副完全接合的过程叫锁杆(不是没有接触或部分接合)。钻头接触孔底后，钻杆顺时针慢速旋转，同时缓慢下压动力头，(相邻)外杆(或动力头)内键沿着相邻内杆外键引导的方向下滑，外杆内键下端面下滑并完全压合到内杆外键承压点的过程叫锁杆。只下压动力头，不顺时针旋转钻杆会造成部分锁杆，而不是完全锁杆。钻进、加压要以适宜的旋转速度正转钻进，只有在钻杆完全锁杆的情况下才能进行，锁杆过程中须避免加压，即把机锁钻杆当摩擦钻杆使用，因为加压时进行正转钻进会造成加压副部分接合，压坏锁点。

根据地质特点，正转加压钻进时，加压力有时需要"时大时小"交替，但小加压力不是"零加压力"，更不是"负加压力"。"零加压力"和"负加压力"会造成既不是"零加压力"，更不是"负加压力"。"零加压力"和"负加压力"会造成加压过程中出现"脱锁"和"部分锁杆"现象，导致加压点损坏。根据地质特点，钻进(进尺)时有时需要反转，反转时要上提加压装置，使锁点加压副间形成一定距离，保证随后的正转加压钻进能完全锁杆。即完全锁杆正转加压钻进，加压副离开一段(纵向)距离反转钻进。

首先将机锁钻杆完全放入孔底，然后动力头缓慢正转(顺时针)，使前几节钻杆的上层杆的内键完全进入下层杆最上面一组加压点的槽内。动力头继续缓慢正转并加压，动力头向下走，使钻杆的上层杆的内键沿着斜键滑入下层杆加压点槽内并锁紧，这时加压过程中若动力

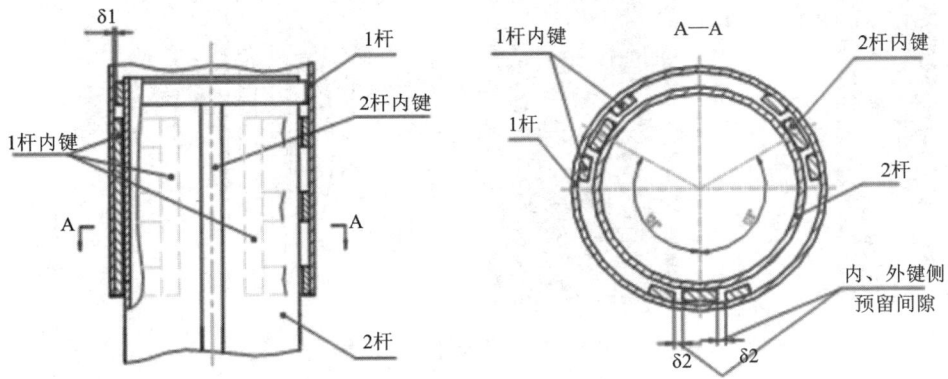

(a)非工作状态示意图

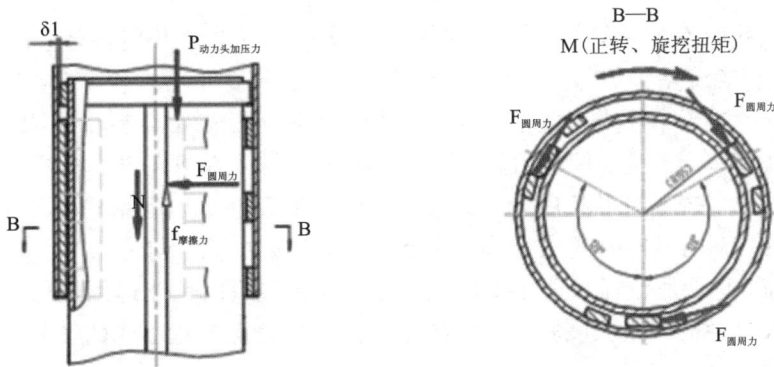

(b)正转——旋挖、加压状态示意图

**图 2 - 34　摩擦杆扭矩传递和加压原理示意图**

头不再向下走,即表明钻杆全部处于锁紧状态,可加压施工了。

使用机锁杆施工,如果在没有找到加压点的时候就开始钻进的话(机锁杆当摩擦杆使),会使钻杆的内键、斜键及加压点较快地磨损,影响钻杆的使用寿命,严重时会导致钻杆出现卡杆故障。机锁杆加压原理如图 2 - 35 所示,加压过程如图 2 - 36 所示。

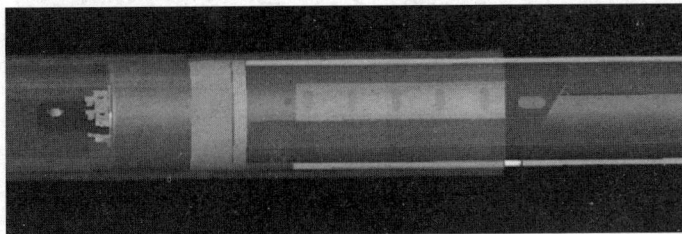

**图 2 - 35　机锁杆加压原理**

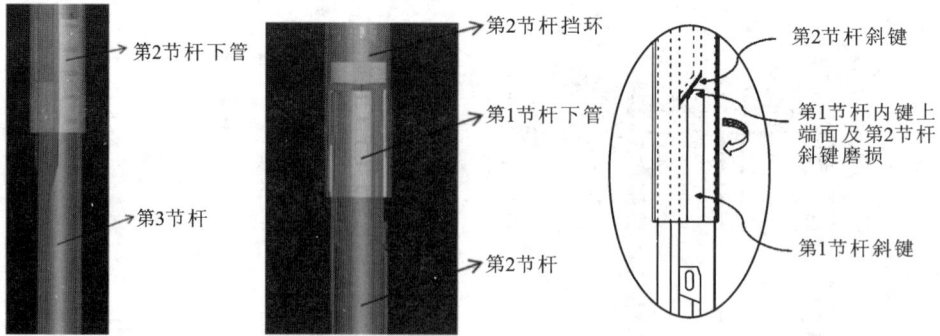

图 2 – 36  机锁杆锁杆过程

## 2.6  钻具

钻具是决定成孔效率的关键部件。钻具种类繁多,有双底单开门钻斗、双底双开门钻斗、锥螺旋钻头、直螺旋钻头、嵌岩筒钻、双层嵌岩筒钻、带扶正器嵌岩筒钻、扩底钻头等大类,每大类又可分为若干个小类。旋挖钻斗按所装齿可分为截齿钻斗和斗齿钻斗,按底板数量可分为双层底斗和单层底斗,按开门数量可分为双开门斗和单开门斗,按桶的锥度可分为锥桶钻斗和直桶钻斗,按底板形状可分为锅底钻斗和平底钻斗。以上结构形式相互组合,再加上是否带通气孔、开门机构的变化,可以组合出几十种旋挖钻斗。一般来说,双层底钻斗适用地层范围较宽,单层底钻斗只适用于黏性较强的土层;双门钻斗适用地层范围较宽,单门钻斗只适用于大直径的卵石及硬胶泥。可根据不同地质情况配置不同的钻具,使钻机在大多数地质条件下都能高效作业。

下面分别介绍。

单底钻斗:单底钻斗是一种适合黏土和凝灰岩的钻具,见图 2 – 37。

双底钻斗:双底钻斗主要用于大、中直径的桩孔钻进,适用于各类土层、砂层、小粒径卵砾石层。见图 2 – 38。

图 2 – 37  单底钻斗

图 2 – 38  双底双开门钻斗

锥螺旋钻头：锥螺旋钻头的高度一般为2.5倍螺距。螺距多可增加携渣能力且导向性好；螺距少则可提高转速，降低阻力。锥螺旋钻头按结构形式可分为单头单螺、双头单螺、双头双螺三种类型，见图2-39、图2-40。

图 2 - 39　单头单螺锥螺旋钻

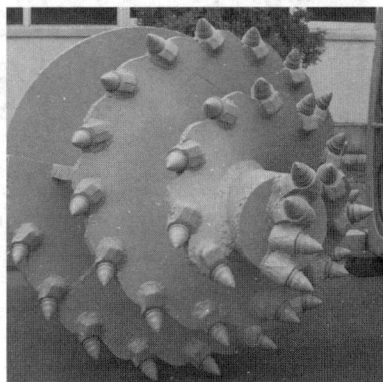

图 2 - 40　双头锥螺旋钻

直螺旋钻头：直螺旋钻头按结构形式可分为单头单螺、双头单螺、双头双螺三种类型，钻齿呈直线焊接，可单独使用耐磨合金斗齿，也可斗齿、截齿混合使用。主要用于地下水位以上的土层、砂土层、含少量黏土的密实砂层及粒径不大的砾石层的钻进。见图2-41。

嵌岩筒钻：对于坚硬的基岩地层、大的漂石层及硬质永冻土层，直接用旋挖钻斗钻进比较困难，这类地层往往使用筒钻更有优势。筒钻用途差异较大，结构形式也多种多样，比较常用的有环状截齿筒钻、环状牙轮筒钻、环状取芯筒钻等，筒钻可以根据地层的属性差异更换不同的钻齿。见图2-42。

图 2 - 41　直螺旋钻头

图 2 - 42　嵌岩筒钻

双层和多层嵌岩筒钻：双层筒钻是三一重机针对旋挖钻机在碎石层的钻进而研制的专用钻具，与其他形式的旋挖钻具相比，双层筒钻具有在碎石层钻进效率高、携渣能力强、钻齿损耗小的特点，该钻头已申报国家发明专利。如图2-43、2-44所示。

图2-43　双层嵌岩筒钻

图2-44　多层嵌岩筒钻

扩底钻头：同一地层中，在桩身直径不变的前提下，增大桩端底面积，能大幅度提高桩的端承力。与旋挖钻机配套的扩底钻头也分为用于一般土层钻进、切削齿为合金块或合金钎头的土层扩底钻头及用于硬质基岩及硬质冻土层钻进、切削具为截齿的岩石扩底钻头。在桩径不增大、桩深不增加的基础上，要提高单桩的承载力，设计部门往往通过扩底桩来实现，旋挖钻机施工扩底无须任何改动就可施工，只需选用扩底钻头即可。常用扩底钻头以机械式为主，这种钻头的使用和维护都比较简单，有上开式和下开式的，张开机构一般为四连杆的，适用于土层、强风化地层、中风化地层甚至坚硬基岩。由于旋挖钻进是非循环钻进，因此扩底完成后用清渣桶清渣即可。见图2-45。

钢护筒驱动连接器：钢护筒驱动连接器连接于动力头和钢护筒之间，作业时动力头会将扭矩传递给钢护筒，使钢护筒产生旋转运动，同时，旋挖钻机加压装置会下压动力头并通过动力头将下压力传递给钢护筒，使护筒钻入地层。见图2-46。

卸土时只要冲击器相碰即可打开斗门。卸土方式如图2-47所示。

图2-45　扩底钻头

图2-46　钢护筒驱动连接器

图 2 – 47　各种卸土方式

## 2.7　液压系统

旋挖钻机采用全液压控制驱动，由柴油发动机向液压泵提供动力，使液压泵输出的液压油通向液压控制阀，由液压控制阀向马达或油缸输入具有方向、压力和流量的液压油，从而由马达或油缸驱动执行机构完成各项动作。液压工作原理图见图 2 – 48，动力传递过程见图 2 – 49，液压系统图见图 2 – 50。主阀 Ⅰ 为多路换向阀，共有六片换向阀：主卷扬由其中的两片阀供油，动作时由控制回路控制双泵合流；左行走和履带变幅使用同一片阀，由双泵中的主泵 Ⅰ 供油，并通过一个电磁换向阀进行行走和履带变幅的切换（图中未画出）；右行走使用一片阀，由双泵中的主泵 Ⅱ 供油；动力头回转使用两片阀供油，回转钻进时双泵合流；辅卷扬使用一片阀，由双泵中的主泵 Ⅱ 供油。辅泵由主泵侧面取力口处的齿轮驱动，为主阀 Ⅱ 提

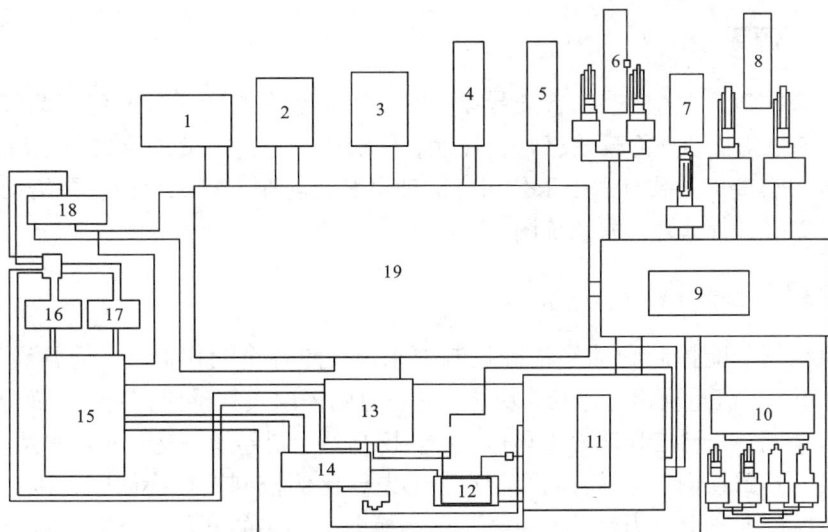

图 2 – 48　工作原理图

1—动力头；2—回转马达；3—行走马达；4—辅卷扬；5—主卷扬；6—变幅油缸；7—加压油缸；8—桅杆油缸；9—辅助阀；10—履带展开油缸；11—泵组；12—油箱；13—先导总管；14—滤油器；15—逻辑阀；16—左手柄；17—右手柄；18—行驶手柄；19—主阀

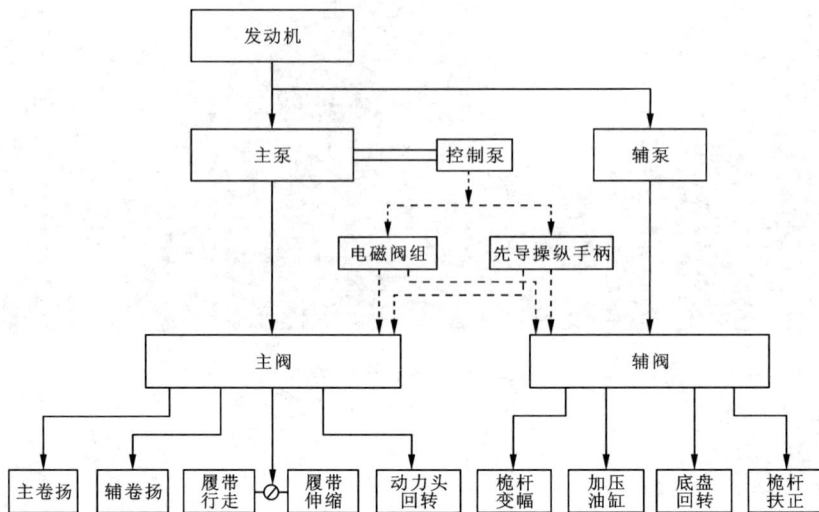

图 2-49 动力传递过程

供动力油，主阀Ⅱ为多路换向阀，共有六片换向阀，分别驱动两个桅杆的变幅油缸、加压油缸、底盘回转马达、左扶正油缸、右扶正油缸。两个主阀组的换向控制油，均由控制泵组成的控制回路和电气回路控制的电磁阀来控制，通过操纵司机室内的各个先导阀，经由电磁阀和梭阀组构成的逻辑回路，控制主阀组相应各路换向阀的通断和开度，以及实现主卷扬在钻进时的浮动功能和动力头甩土时变至小排量进行增速的功能，从而保证各个执行元件准确、有序、平稳地动作。液压元件后面分别叙述。

## 2.7.1　泵源系统

旋挖钻机泵源包含两个主泵(含先导泵)和一个辅泵。主泵都为恒功率调节、负流量控制，供主阀。辅泵为恒压、负载敏感联合控制，供辅阀，先导定量泵给先导系统供油。卡特机在主泵外置驱动接口上装有力士乐公司产的辅泵和齿轮泵。第二个齿轮泵给动力头减速机润滑供油，图2-51所示为泵源系统图。

## 2.7.2　组合多路阀

旋挖钻机根据节能控制和动作精确控制要求，按照各个动作需要，通常设置两组多路阀：一组阀有正、负流量反馈、合流等功能，另一组阀采取负载感应控制。下面分别介绍。

主控制多路阀：分别控制动力头马达、主卷扬马达、副卷扬马达、回转马达、变幅油缸、左右行走的马达多路换向阀。其有两个特点：①先导比例控制液控换向阀，其上有两个液控口，分别在液控口上通上压力油，可使阀芯移动换向。阀芯的开口量与通入液控口上的液压油的压力成正比，液控油压力高，则阀芯的开口量大，通过阀的流量就大，当两个液控口均无压力油时，阀芯在弹簧的作用下使阀芯处于中位，不输出液压油。②负流量控制阀，当阀芯处于中位或阀芯开口量较小时，负控制口有压力，将此压力传递给泵的负控制口，控制泵的排量发生变化，泵的排量随负控制口压力的增大而减小，当阀芯换向到最大开口时负控制

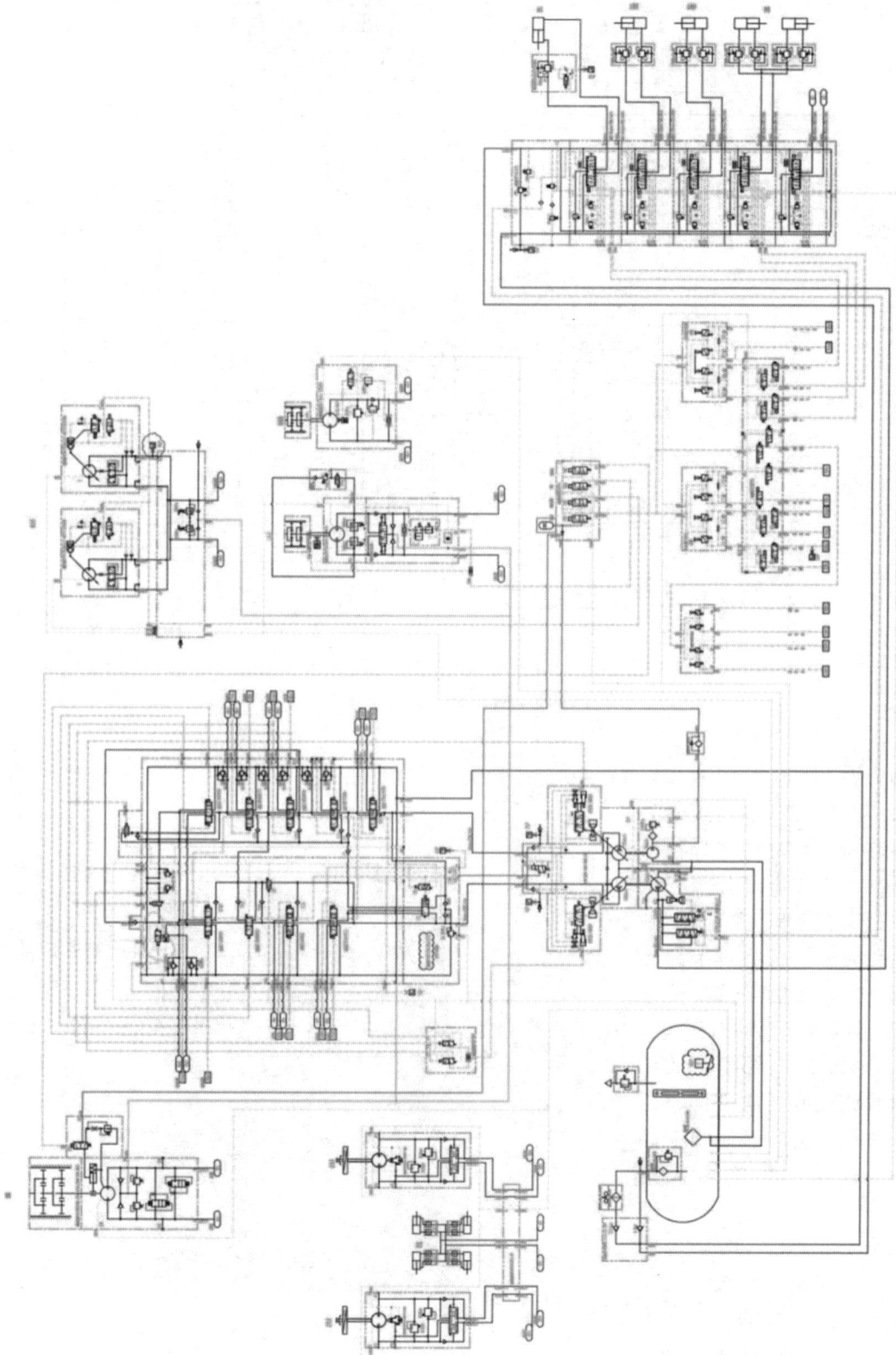

图2-50　液压系统

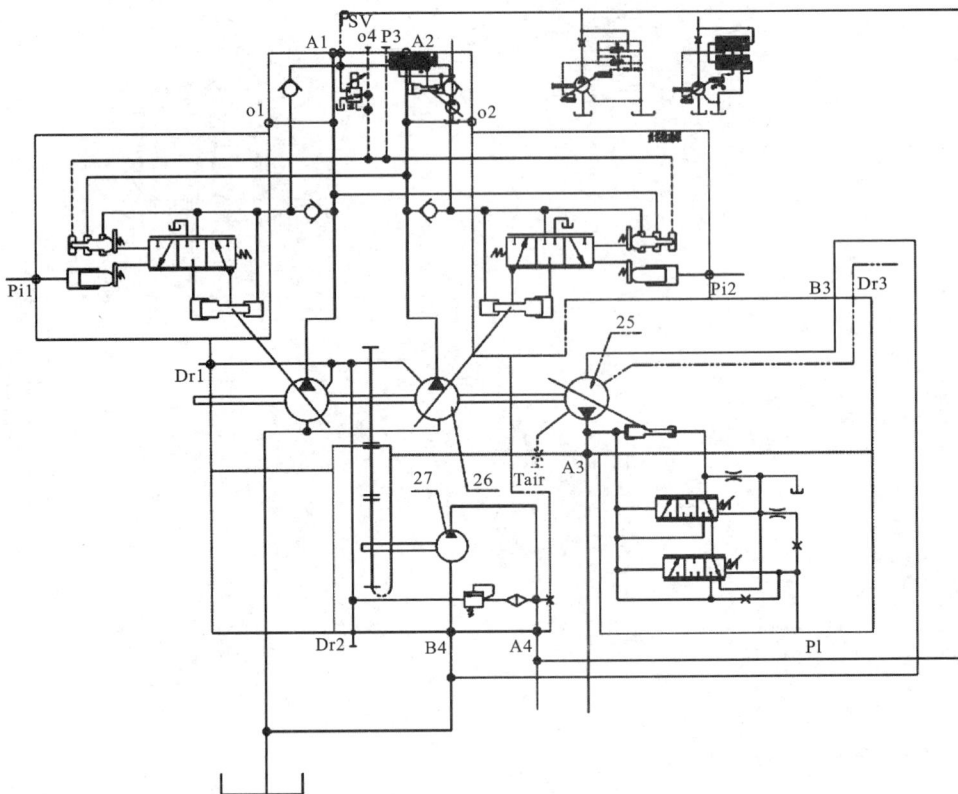

图 2 - 51 泵源系统

口压力为零，阀芯处于中位时，负控制口压力最大，由负控制溢流阀限定在 23 bar，此时泵的排量最小。主控制多路阀分为左右两半部分，每半部分各由一个泵供油，左半部分阀片依次为右行走、变幅、主卷扬、副卷扬、动力头合流，右半部分阀片依次为左行走、回转、主卷扬合流、动力头，当动力头或主卷扬工作时，左右两部分的动力头阀片或主卷扬阀片同时工作，每片阀输出的液压油在阀内合在一起向外供油，也就是两个泵一起工作供油，从而使动力头或主卷扬的工作速度达到最大。主控制多路阀上的溢流阀限定液压系统的最大压力为 34.5 MPa，实物见图 2 - 52。

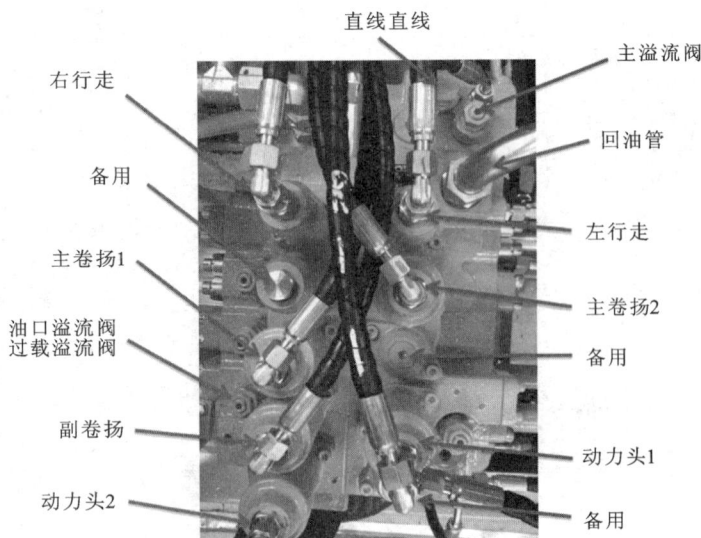

图 2 - 52 主阀功能

主阀系统见图 2-53。

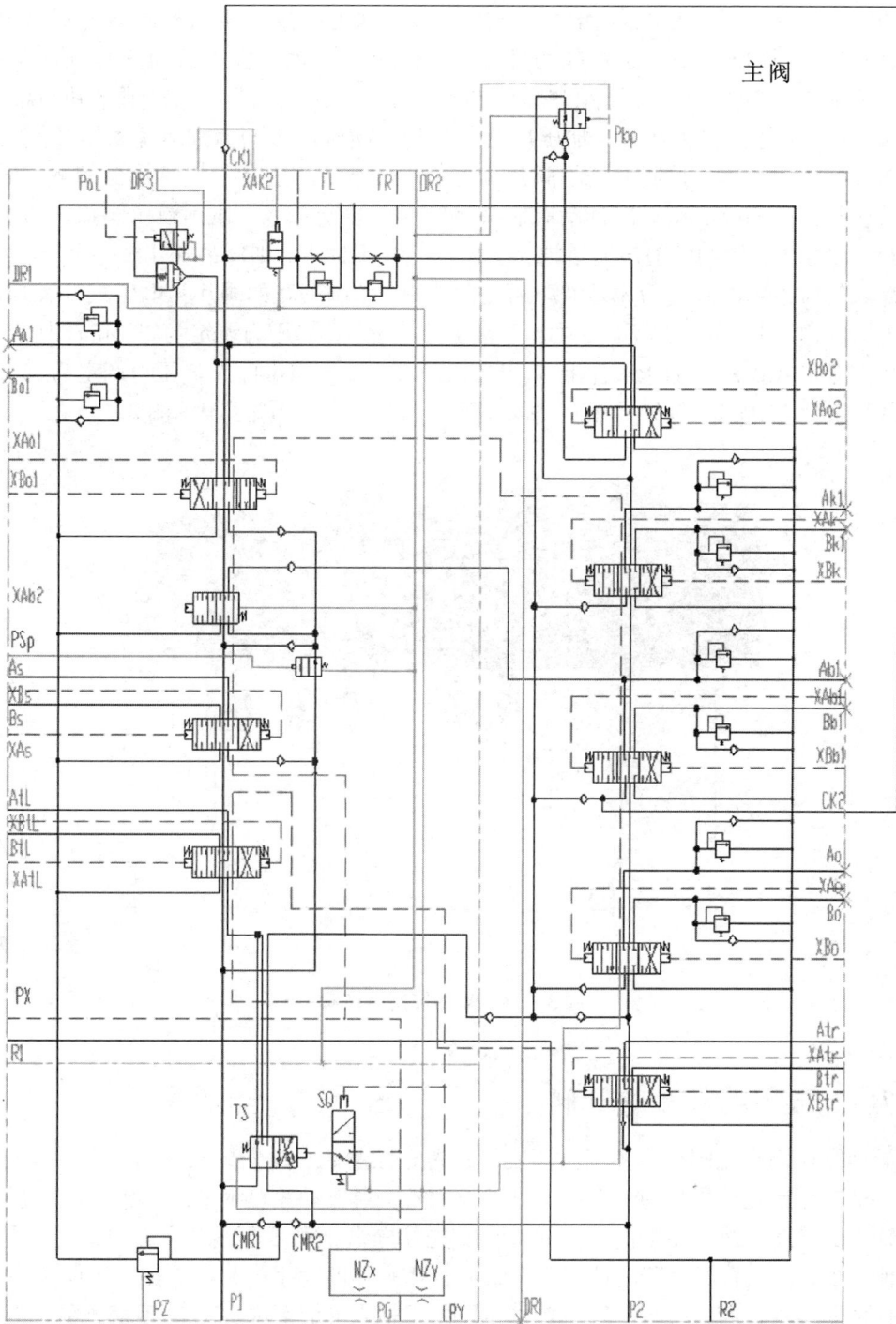

图 2-53　主阀系统图

辅助控制多路阀：为带负载压力补偿和负载保持功能的液压阀。由辅泵供油，通过辅阀上 LS 口的压力信号与辅泵上的 LS 口相连，使辅泵的出口压力和输出流量与负载需要相匹配。进油联上有溢流阀，调定辅阀的最大压力；回油联上有减压阀，减压后的液压油可作为辅阀电磁先导控制的液压油，也可作为外部先导控制油。辅助多路换向阀分别控制加压油缸、左桅杆油缸、右桅杆油缸、备用和履带展宽油缸的多路换向阀。每片阀的执行油路上装有溢流阀，调节和限制最大压力。加压片上装有 LS 溢流阀，在只有加压片动作时，通过辅泵限定加压片的压力。其中控制桅杆的阀片为比例减压阀先导控制，提供给比例减压阀电流，由比例减压阀输出相应的压力来推动阀芯移动换向。电流越大，比例减压阀输出压力越高，阀芯的开口量越大，则阀的输出流量越大。同理，电流越小，则阀的输出流量越小。控制加压的阀片和暂时不用的阀片为先导液压油比例控制，控制展宽的阀片为电磁式开关控制。加压阀片上 A、B 口设置的压力不同，接加压油缸无杆腔；B 口压力调定为 27 MPa，接加压油缸有杆腔。阀开关式控制。加压阀片上 A、B 口压力的设定值不同，A 口压力调定为 11.6 MPa，B 口压力调定为 20 MPa。辅助控制多路阀实物见图 2 – 54，辅阀系统见图 2 – 55。

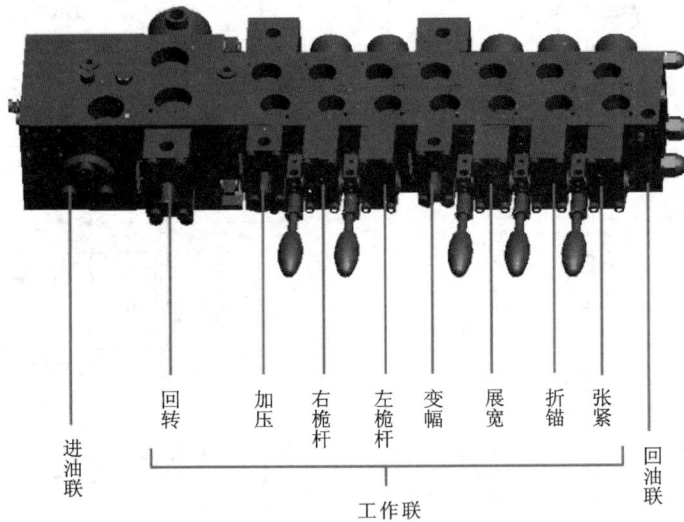

图 2 – 54　辅助控制多路阀

### 2.7.3　先导操纵比例减压阀

先导操纵比例减压阀用于控制主阀换向的先导控制阀，由先导泵供油，是手控比例减压阀。当手柄未扳动处于中位时，出口输出压力为零，当扳动手柄时，出口压力随着扳动角度的增大而增大，随着扳动角度的减小而减小。先导操纵比例减压阀共有三个：一个是脚踏式先导控制元件，由左右两个行走控制手柄组成，可前后扳动手柄，用于控制主阀上左右行走阀片换向的先导控制阀；另两个是左右先导控制手柄，可前后左右扳动手柄，左手柄前后扳动控制主副卷扬的下降与上升，左右扳动控制回转的左转和右转，右手柄前后扳动控制加压变幅的下降与上升，左右扳动控制动力头的正转和反转。见图 2 – 56。

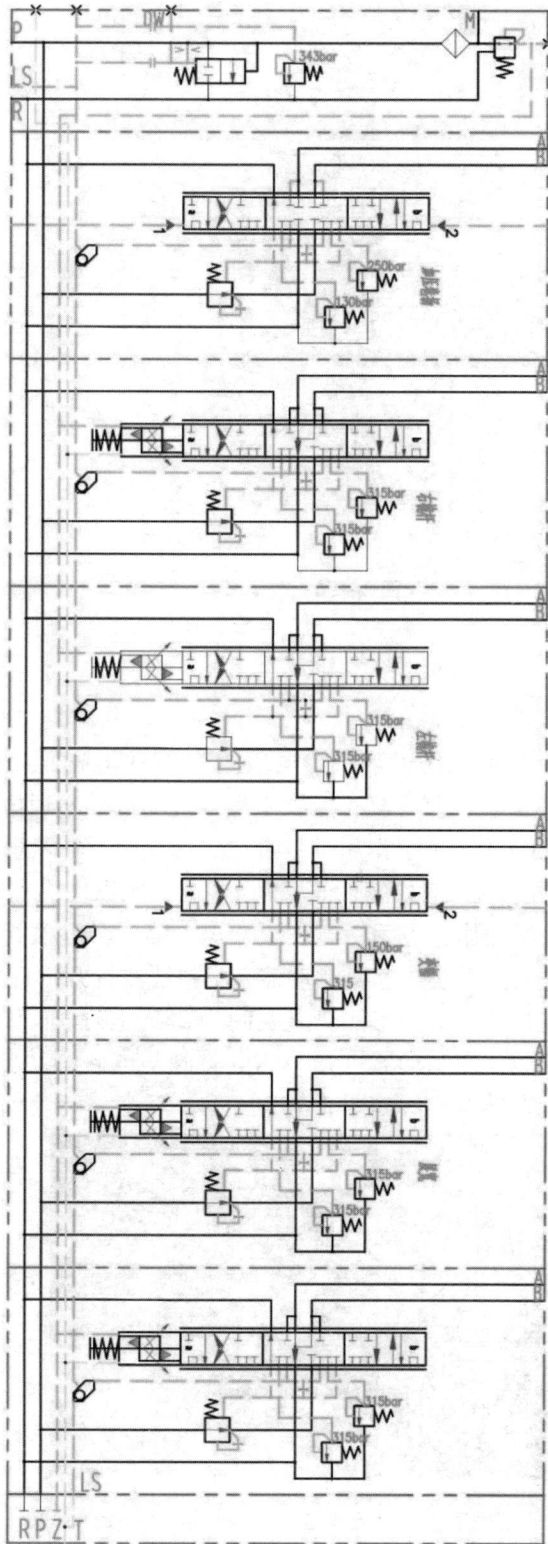

图2-55　辅阀系统

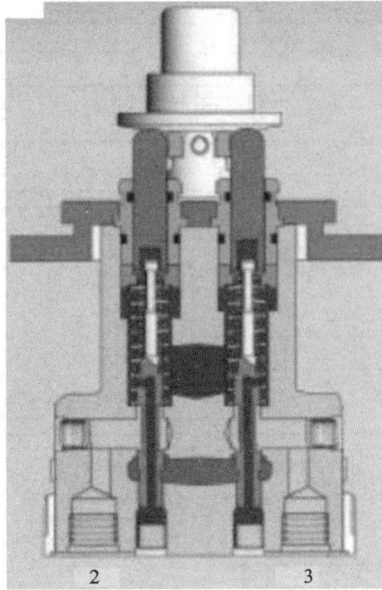

图 2 - 56  先导阀

## 2.7.4  先导电磁阀组

先导电磁阀组上共有 4 个电磁阀。第一个电磁阀为 22D 电磁阀，作用是只有当它通电时，先导泵的油液才能进入左右控制手柄，操纵手柄才能工作，不通电时，操纵左右控制手柄无效。第二个电磁阀为 33D 电磁阀，作用是只有当它通电时，先导泵的油液才能进入左右行走控制手柄，这时操纵手柄，行走才能工作，不通电时，操纵左右行走控制手柄无效。打钻时，要使 33D 断电，防止误动作行走手柄时产生行走。第三个电磁阀为 10D 电磁阀，作用是当它通电时，先导油会进入主卷扬减速机制动器，使制动器打开。此电磁阀与 17D 电磁阀一起作用，用于打钻时的主卷扬浮动。第四个电磁阀为 25D 电磁阀，作用是当它通电时，先导油会进入回转减速机制动器，使制动器打开。此电磁阀与电磁阀块上的 5D、6D 电磁阀一起作用，用于上车的回转。先导电磁阀如图 2 - 57 所示。

总先导    主卷快速下放    浮动    回转锁死

图 2 - 57  先导电磁阀

### 2.7.5 电磁阀块组

电磁阀块组上共有 10 个电磁阀,控制手柄来油通过电磁阀块组来与控制多路换向阀的先导控制口相连接。其具有主副卷扬切换、加压与变幅切换、主副卷扬上限位保护、变幅上限位保护的逻辑功能。具体为:2D、14D、11D 电磁阀为主副卷扬的切换电磁阀,当三者断电时,为主卷扬工况,若主卷扬到达上限位时,14D 通电,则供给主卷阀片的控制油变为零,主卷扬停止上升;当三者通电时,为副卷扬工况,若副卷扬到达上限位时,11D 断电,则供给副卷阀片的控制油变为零,副卷扬停止上升。1D、3D、8D 电磁阀为加压与变幅的切换电磁阀,当三者断电时,为加压工况;当 1D、3D 通电时,为变幅工况,若变幅到达上限位时,8D 通电,则供给变幅阀片的控制油变为零,变幅停止上升。5D、6D 电磁阀为回转保护阀,与 25D 通电,扳动手柄回转时,实现上车回转。若 5D、6D 与 25D 不通电,则扳动回转手柄不能让上车回转,而起保护作用。电磁阀块组实物见图 2-58,系统见图 2-59。

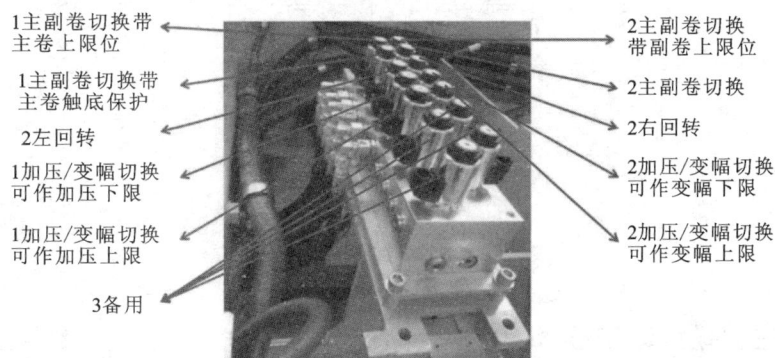

图 2-58 电磁阀块组

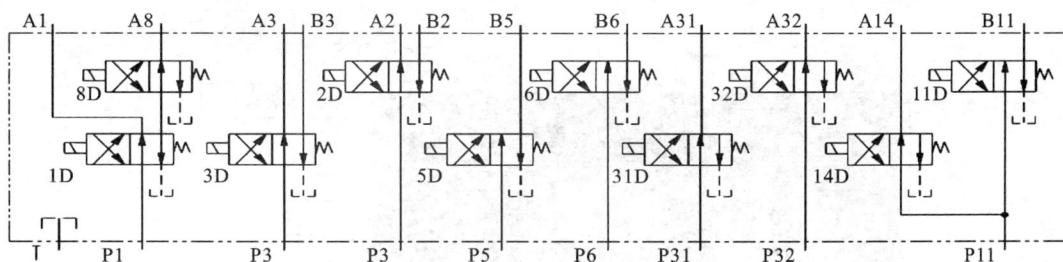

图 2-59 电磁阀块组系统

### 2.7.6 比例电磁阀

桅杆调平控制系统通过驱动 A、B、C、D 四块比例电磁阀,进而控制桅杆的上下左右动作,上述界面分别为调整桅杆左油缸、桅杆右油缸的具体参数,可使左右两个油缸同步动作,以实现桅杆平稳、快速的动作。如图 2-60 所示。

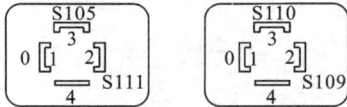

至32D:桅杆左伸阀　至34D:桅杆右伸阀
至33D:桅杆左缩阀　至35D:桅杆右缩阀
电磁阀头18121　　电磁阀头18121

图 2 - 60　桅杆调平电磁阀

### 2.7.7　主卷扬浮动电磁阀

在主卷扬马达处，有一个 17D 电磁阀，为主卷扬浮动电磁阀。当主卷扬浮动时，17D 电磁阀通电，使主卷扬马达的两个油腔连通，此时马达处于浮动状态。同时使 10D 电磁阀通电，实现主卷扬的浮动。见图 2 - 61 中的标示。

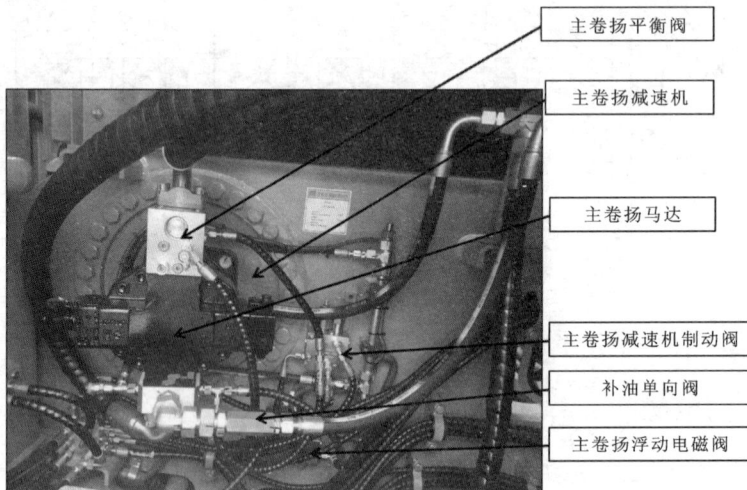

主卷扬平衡阀

主卷扬减速机

主卷扬马达

主卷扬减速机制动阀

补油单向阀

主卷扬浮动电磁阀

图 2 - 61　主卷扬浮动电磁阀

### 2.7.8　执行元件

执行元件分为马达和油缸。马达通过减速机与机械相连，可降低转动速度，提高输出扭矩。减速有制动器，当制动口无压力时，产生机械锁紧，防止机械下滑，工作时，必须在制动口通上压力油，将制动器打开。每个马达上均有泄漏口，通过胶管接回油箱，泄漏口不允许有背压存在。为防止马达气蚀，回转、主副卷扬、动力头的马达均接有补油管。马达上装有平衡阀，可防止负负载时失速，同时可进行液压制动。油缸上装有平衡阀，有两个作用：一是在有负负载时起平衡作用，防止负负载时失速；二是在油缸不工作时，起液压锁的作用，防止油缸沉降。具体执行元件情况如下。

左右行走马达系统：由马达、平衡阀与减速机组成。通过回转接头将主阀出油口与马达油口连接在一起。旋挖钻机左右行走马达均由两个规格相同的主泵供油，为了防止在复合动作时行走跑偏，一般设置直线行走阀。当只操纵左右行走动作时，直线行走阀处于左位，一个主泵的液压油全部供给左行走马达，另一个主泵的液压油全部供给右行走马达，两个马达由两个泵分别控制；当在操纵左右行走脚踏杆的同时还操纵回转、主卷扬、副卷扬、动力头等动作时，直线行走阀处于右位，两个主泵的液压油一部分流向工作装置的液压油，另一部分一分为二分别供给左右行走马达，实现直线行走。行走液压系统的回路为：操作行走操纵杆时，来自泵的压力油一小部分启动背压阀滑阀，打开到制动器的油路，并流入制动活塞的腔 A。压力油克服弹簧的力，并按箭头方向将活塞向左推。此时，将片和盘推到一起的力消失，片和盘分离，制动解除。来自泵的大部分压力油进入马达 A 口，驱动马达转动，马达带动减速机转动，进而驱动履带带动旋挖钻机钻进行走。原理解释见图 2-62。

动力头马达系统：由两组相同的马达与减速机组成。动力头马达为变量马达，当负载较小、马达压力较低时，马达排量减小，使转速增大，输出扭矩减小；当负载较大、马达压力较高时，马达排量变大，使转速变小，输出扭矩增大。机械部分见 2.5.4 相关内容，液压系统如图 2-63 所示，变量马达系统如图 2-64 所示。动力头系统通常都采用双泵供油和两联主阀共同控制的方式，压力油经主阀后合流，再分流到达两个动力头马达，驱动马达工作。主阀先导口 PL 通先导油，主阀某一位接通，液压油通过主阀后流向两个马达的 A/B 口，马达在压力油作用下开始旋转，液压油的压力能转化为马达的动能，压力油经过马达后由高压降为低压，并从马达 B/A 口流回油箱。控制动力头运动的主阀中位机能为 O 型，主阀处于中位时，动力头马达回路内的液压油被封闭，从而实现动力头的制动。动力头在高速转动时，突然制动，由于钻杆钻具的质量惯性大，因此会造成很大的冲击。液压冲击在管路内传播会损坏某些液压元件。为了减小冲击，会在液压油路上设置溢流阀，压力超过设定值则溢流，从而保证液压元件不受损坏。为了避免动力头马达在急停等恶劣的工况下发生吸空等损害，一般会在动力头系统设置专门的补油回路。大型钻机及入岩钻机动力头为了达到设计的输出扭矩，提升入岩及大桩径高深度施工的能力，一般采用三马达驱动。为了适应各种钻进工况，动力头马达通常为变量马达。空载时马达处于最小排量，供给马达的流量一定时，马达转速最高。随着负载的增大，主泵输出压力增加，当压力升高到设定的变量压力时，马达排量逐渐变大，此时马达转速逐渐降低，输出扭矩也随之逐渐增大，从而克服负载阻力，实现钻进工况。动力头不仅需要完成钻进工作，还承担着卸土的责任。通过操纵动力头先导手柄左右摆动，动力头瞬间交替正反转，钻斗内的泥土在惯性力的作用下纷纷落下，从而实现钻斗的

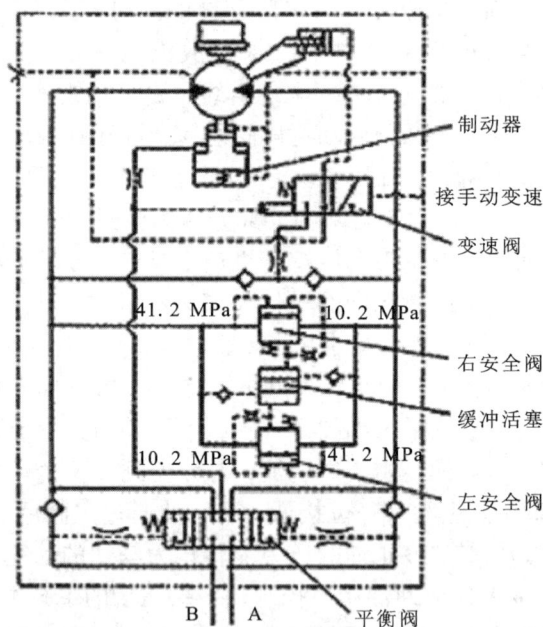

图 2−62　行走系统图及位置图

"甩土"，为继续钻进做好准备。

　　主卷扬马达系统：主卷扬的主要功能为上提、下放钻杆和钻具，即将钻杆钻具下放至孔底施工作业；钻斗内满土时，将其提升至地面倒掉，然后继续作业。主卷扬下放时，要求钻杆钻具下放时迅速稳定；到达钻孔底部时，要求可以自动停止下放，避免主卷扬钢丝绳乱绳。钻进工作时，要求钻杆钻具处于浮动状态，保证钻进的正常进行；当钻具内盛满泥土时，要求主卷扬有足够的起拔力和提升力，以保证将钻杆钻具及泥土顺利提升至地面，将泥土倒掉。主卷扬液压系统一般由主卷扬马达(中小机型为单马达，大机型及部分入岩机型为双马达)、主卷扬减速机、主卷扬主液压油路、制动油路、控制油路等组成。主卷扬通过钢丝绳与

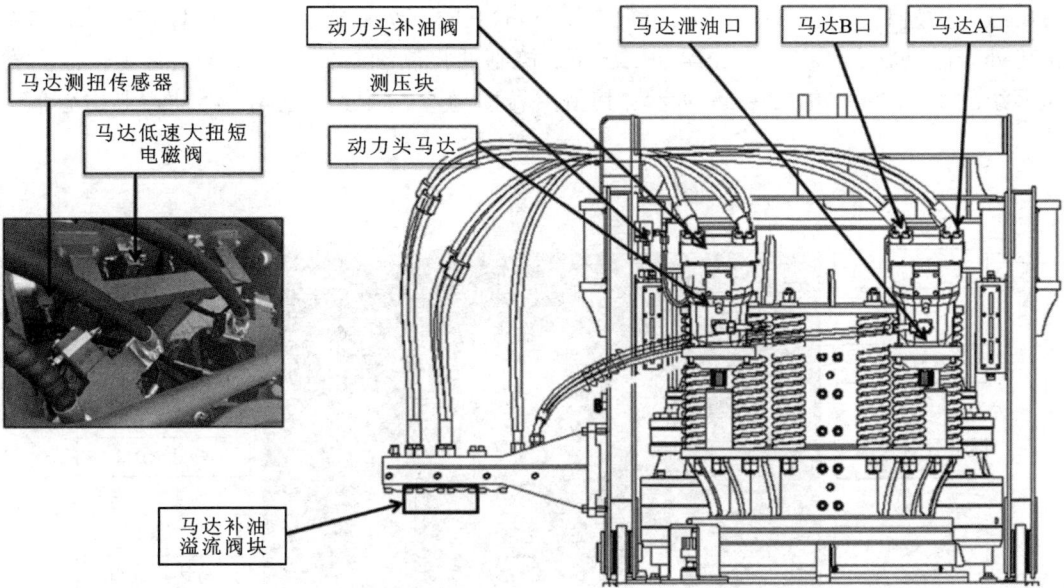

图 2-63 动力头马达布置图

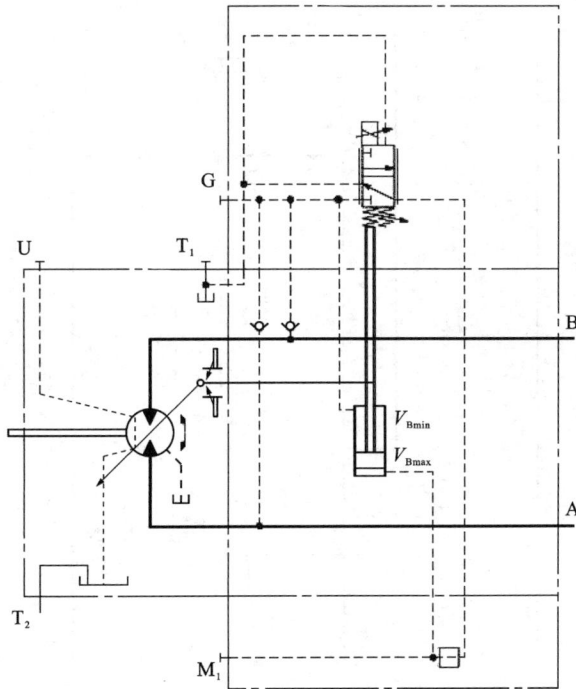

图 2-64 动力头变量马达系统图

钻杆和钻斗连接在一起,在任何状态下,主卷扬都会受到来自由钻杆与钻具本身重量所产生的负负载。为避免主卷扬在负负载荷载作用下自由下落造成故障,在不工作状态下,主卷扬减速机处于制动状态,在工作和浮动工况下,控制油将制动打开,主卷扬正常工作。主卷扬液压系统的工作原理如图 2−65 所示,其由主卷扬马达、顺序减压阀、浮动控制电磁阀、主

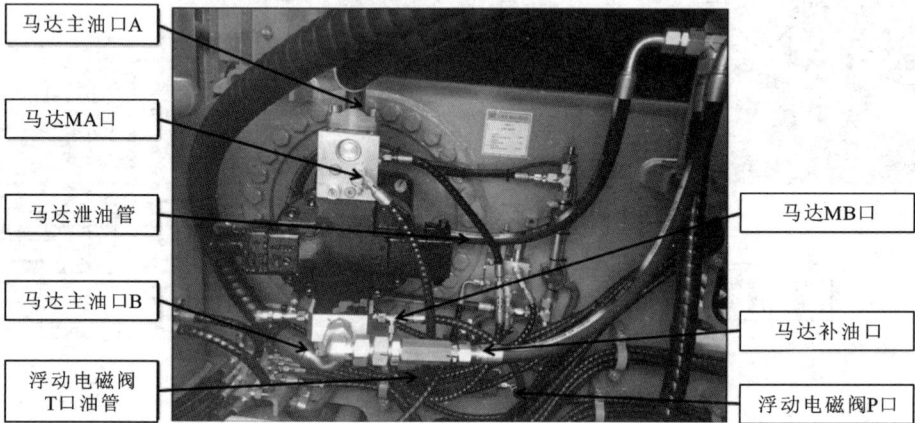

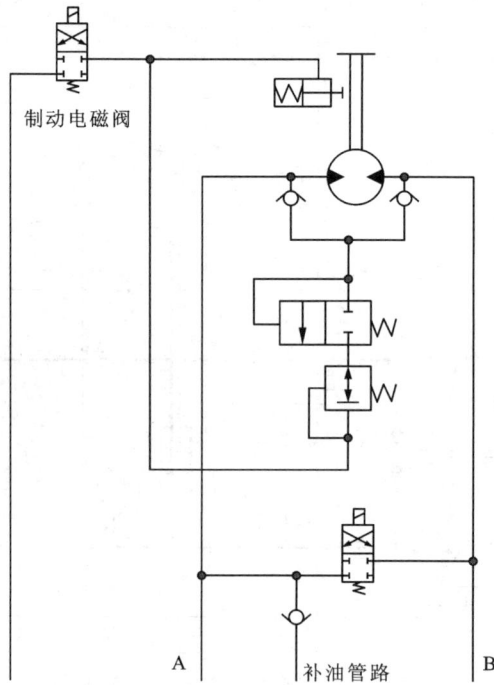

图 2−65  主卷扬马达布置及系统图

管路、补油管路等组成。钻机主卷扬下放时，液压油经主阀到马达 A 口，然后从 B 口流回油箱；主卷扬上提则正好与下放过程相反，压力油从马达 B 口流向 A 口。主卷扬的浮动是旋挖钻机正常工作必不可少的一个功能，它是利用钻杆和钻斗的重力势能随着钻斗钻进而随之下放的一种技术，其主要作用是当钻机在钻进工况中加压时，使主卷扬随着钻杆钻具的下放而下放钢丝绳，避免损坏钢丝绳。主卷扬实现浮动必须具备两个条件：一是主卷扬制动器打开，二是主卷扬马达 A、B 油口接通。浮动时主换向阀主卷扬联处于中位，将主泵通向马达的油路关闭。按下"浮动"按钮（一般位于手柄上，个别厂商会将其布置在其他位置），图 2 - 65 中的两个电磁阀同时得电并打开，来自先导泵的压力油经过电磁阀后到达主卷制动器，将主卷扬制动器打开；同时，主卷扬马达的 A、B 口连通。在钻进加压时，钻杆在加压力的作用下下降，钻杆下降时又拉着钢丝绳带动主卷扬马达旋转，此时马达的工况变为"泵工况"。马达内的液压油由马达 A 口流出，经电磁阀后由马达 B 口流入马达内部，经过马达内部（配流盘→缸体→配流盘）后又经马达 A 口流出。液压油在主卷扬马达和电磁阀之间的闭合回路内循环，在主卷扬马达旋转过程中，液压油在其内有一定的泄漏，闭合回路的压力将随着液压油的泄漏而降低，当压力低至一定程度时补油单向阀会开启，将液压油补充至回路，防止马达吸空。

副卷扬马达系统：副卷扬主要用作起吊钻具、护筒、钢筋笼等的施工辅助件，起重力不大，采用单泵供油的方式，由副卷扬马达与减速机、主油路、制动油路、补油油路及控制油路组成。如图 2 - 66 所示，副卷扬上提时，主泵液压油经过主阀后到达副卷扬马达 A 口，一小部分压力油经过顺序减压阀到达制动缸，将副卷扬制动打开；大部分压力油进入马达，驱动马达转动，使副卷扬实现上提工作。下放与上提油路正好相反。为避免副卷扬发生吸空等现象，一般设置补油管路，补充液压油。

回转马达系统：回转马达液压系统一般由回转马达与减速机总成、制动及制动缓冲装置、防摆阀、主油路、控制油路等构成。大型钻机采用双马达三减速机回转系统。系统见图 2 - 67。

桅杆油缸：桅杆油缸的主要作用是施工时支撑桅杆竖直稳定工作，运输时可以使桅杆倒下，方便运输。桅杆油缸还具有桅杆调垂作用，因此，两个油缸是单独控制的。通过控制电比例阀分别控制两个桅杆油缸的运动方向和运动速度，从而实现调节桅杆垂直度的目的。其液压系统一般由桅杆油缸、平衡阀、主油路、电控手柄或者电控按钮组成。如图 2 - 68 所示，为左右桅杆油缸双向平衡阀，平衡阀的设定压力高于最大负载压力。当桅杆受到的冲击负载桅杆油缸的冲击压力超过平衡阀的设定压力时，冲击压力将推动平衡阀阀芯移动开启，使一部分液压油经过平衡阀流回液压油箱，防止油缸、钢管、平衡阀被过高的冲击压力损坏而发生危险。

制动减压阀 副卷扬平衡阀

马达主油口A口 副卷扬下放

马达主油口B口 副卷扬提升

马达T口 泄油口

减速机 制动油口

副卷扬减速机 副卷扬马达

A 补油管路 B

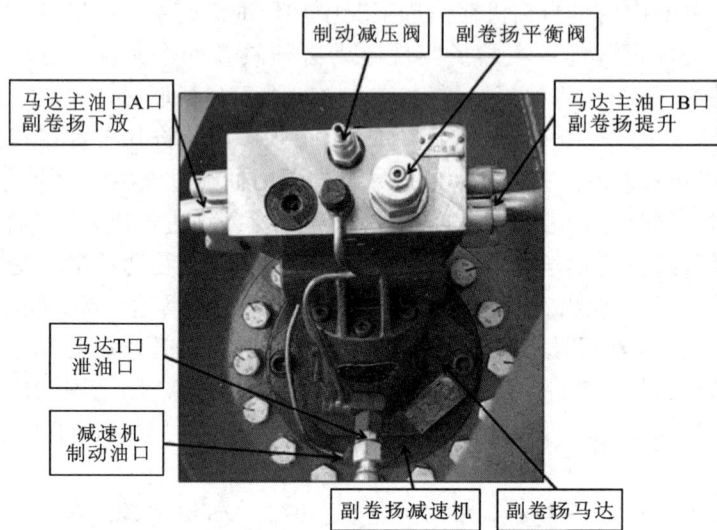

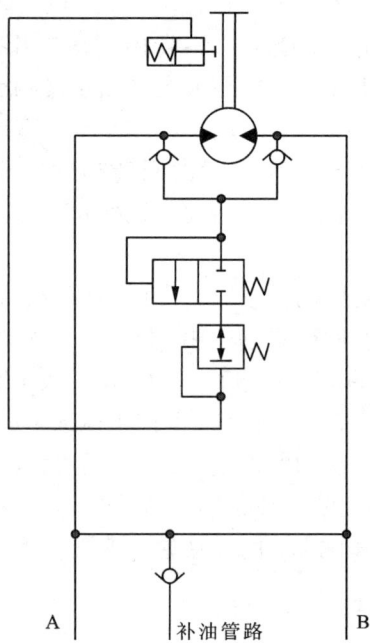

**图 2-66 副卷扬马达布置及系统图**

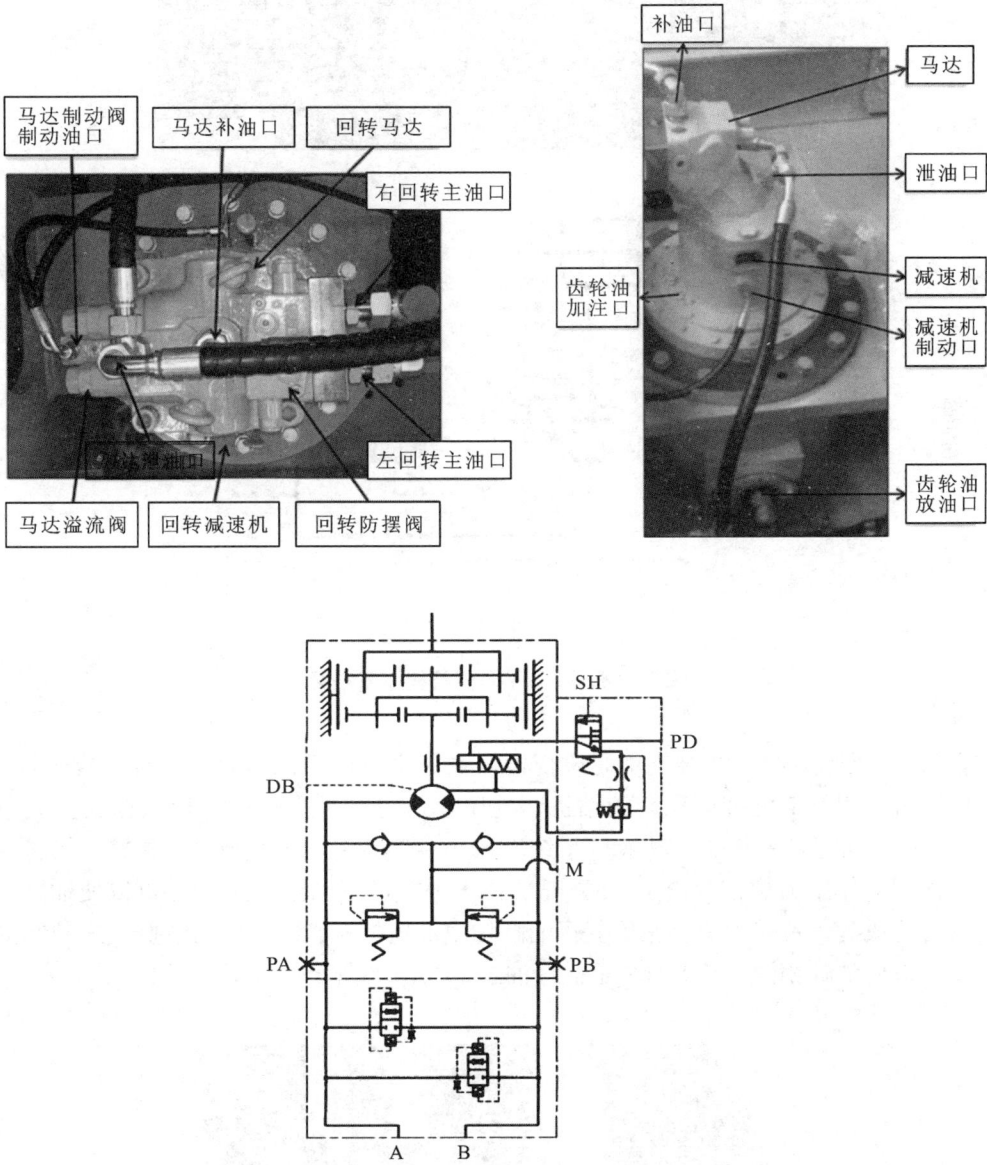

图 2－67　回转马达布置及系统图

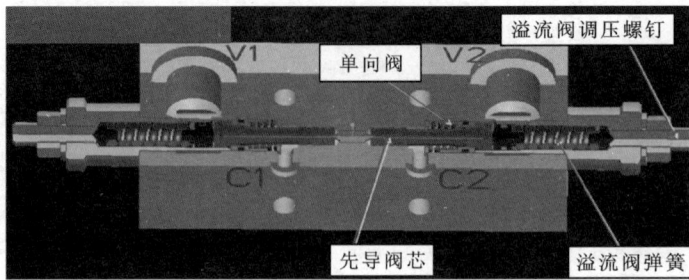

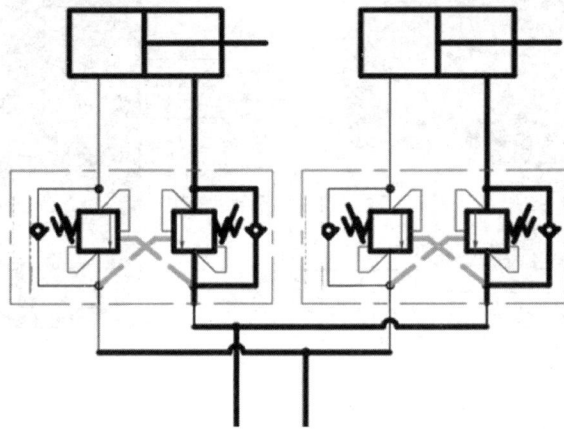

图 2 - 68 双向平衡阀结构及系统图

变幅油缸：变幅油缸的主要功能是改变桅杆在履带方向上的位移，与回转结合后，在一定范围内钻机不用行走也可实现旋挖钻机对孔工作。无论是平行四边形结构还是大三角结构，变幅油缸的功能是一致的。其液压系统一般由变幅油缸、平衡阀、主油路、控制油路等组成。平衡阀的作用为静止时锁定变幅油缸，冲击时作为安全阀使用，还可以使油缸不受由桅杆等机构造成的负负载影响。钻机变幅油缸均由液压控制，也有采用电控方式控制的。其液压系统与桅杆油缸相同，图 2 - 69 是桅杆油缸上双向平衡阀位置图。

图 2 - 69 桅杆油缸及平衡阀

52

加压油缸：加压油缸的主要作用是当动力头驱动钻杆和钻具旋转钻进时，向钻杆和钻具提供钻进泥土或岩层所需的进给力，这样泥土或者岩层就在钻具的水平回转径向力和竖直进给力的综合作用下被切削下来，进入钻斗完成钻进工作，加压力的大小影响着钻机的入岩能力。加压液压系统一般由辅泵供油、加压油缸、主油路、控制油路、平衡阀或者制动油路构成。加压平衡阀一般为单向平衡阀，主要作用为保护加压油缸不受动力头重力作用下的负负载影响，以避免失速，同时还具有保护油缸、吸收冲击、避免管路爆裂等作用。如图 2 – 70 所示，加压油缸液压系统的主要原理为压力油从辅泵出来经辅阀后到达油缸 A 口，一小部分压力油将平衡阀打开，大部分压力油进入油缸大腔推动活塞运动，小腔内的液压油经过平衡阀到达多路换向阀，然后回到油箱。

加压上提时，油路流向则正好相反。

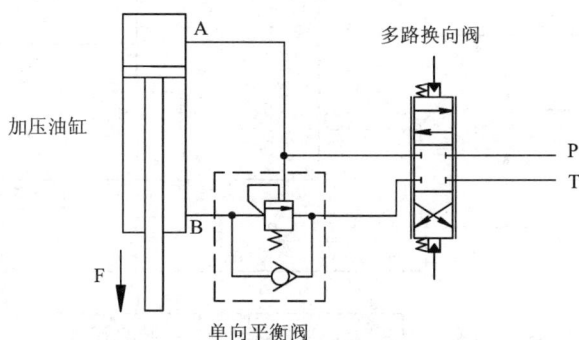

图 2 – 70  加压油缸及单向平衡阀

# 2.8  电气控制

控制系统主要由检测传感器、控制器和执行元件三部分组成，传感器向控制器输入检测信号，控制器根据存储的控制程序和输入的信号计算各控制动作，并向各控制对象发出信号，实现精确控制、报警、数据存储等。控制系统主要功能有：发动机起动熄火控制，发动机泵功率匹配控制，中文人机界面、必要的工作状态输出及虚拟仪表显示，实时桅杆角度监测，钻深记录，钻头位置、回转角度显示，深度标定，全范围内导引手动/自动立桅与倒桅，正负 5 度范围内自动调垂，多种安全联锁保护。可以通过按键操作，完成工作状态的选择、工作参数的设定、输入输出信号的在线调试、系统的标定和设备故障的诊断查询。电气系统构成如图 2 – 71 所示，主要元器件分布如图 2 – 72 所示。该控制系统是一个典型的反馈控制系统，由总线实现数据反馈。该系统由以下几个部分组成：传感器、电磁阀元件、远程通信装置、发动机控制装置、油门控制装置、原车载故障信息接口、总线控制器和显示器。

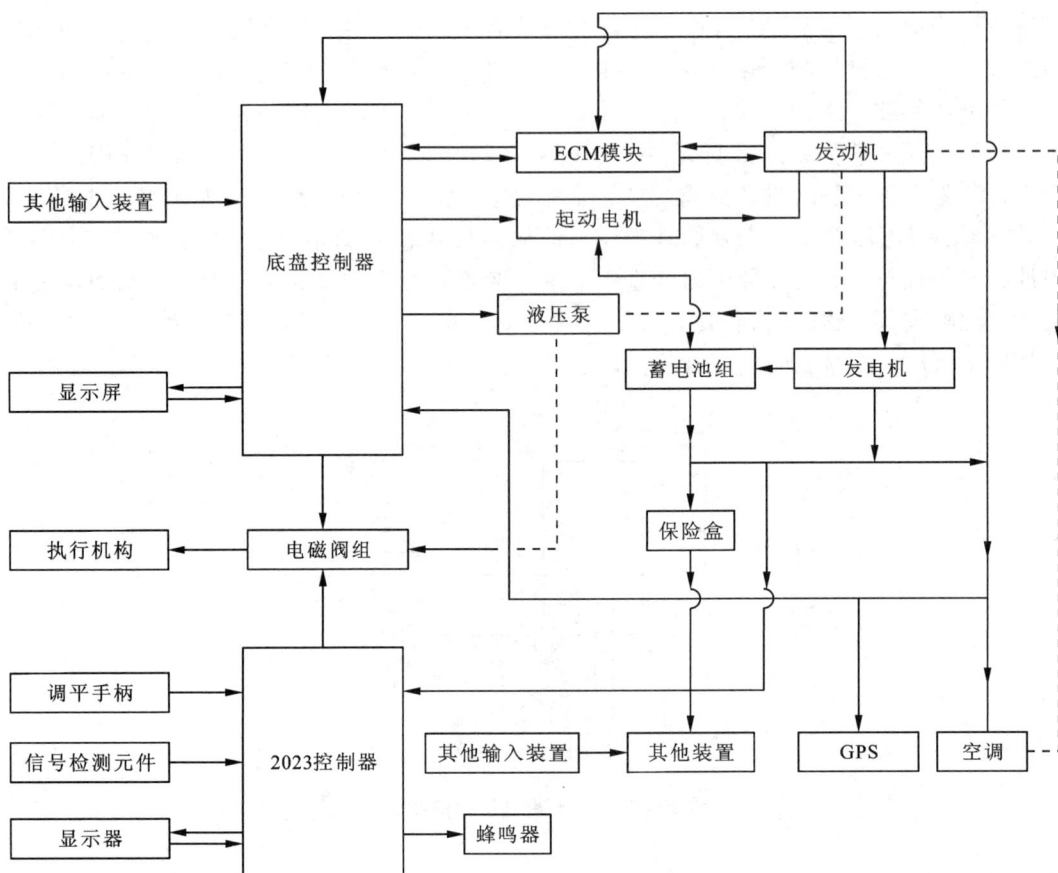

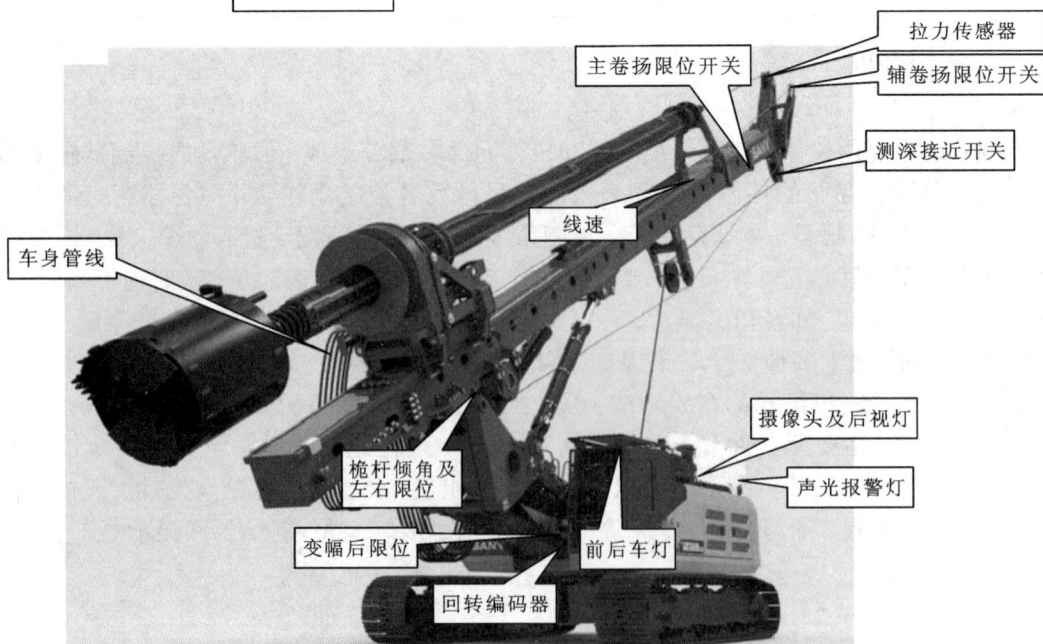

图 2-71 旋挖钻机主要电气布置

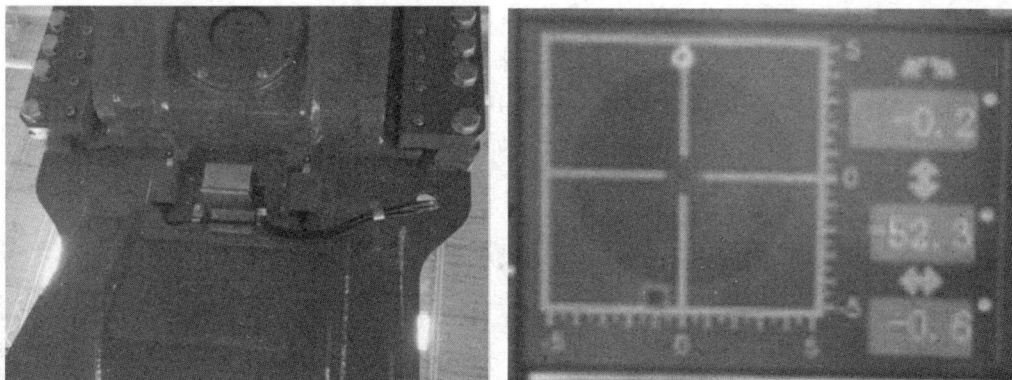

图 2 – 72　倾角传感器位置及垂直显示

### 2.8.1　传感器

传感器的作用类似于人的感觉器官。它是把被测量的非电量物理量如力、位移、角度、温度、湿度、光强度等转换为易测的电量物理量，然后传送给测量系统的信号调理环节，是测量仪器与被测量事物之间的接口。工程应用中的传感器种类繁多，往往一种测量可以应用多种类型的传感器。旋挖钻机上常用的传感器主要有转速传感器、压力传感器、温度传感器、液位传感器、倾角传感器、旋转编码器、接近开关等。以下简要介绍。

倾角传感器：桅杆倾角传感器采用双轴 CAN 总线型，双轴互相垂直，测量范围是 $-90°$ ~ $+90°$。模块的电源供电范围是 9 ~ 32 VDC，带有极性接反、过压和负载卸载保护。安装位置在中桅杆处，用于测量桅杆的角度，倾角传感器内部集成 120 Ω 电阻。

旋转编码器：旋转编码器是一种将旋转位移转换成一连串数字信号的旋转式传感器，常用来检测转速或转角。回转编码器负责孔位定位。旋转编码器如图 2 – 73 所示。回转角度测量要使用旋转编码器，通过回转机构带动编码器旋转来实现回转角度的测量，类型属于增量式编码器。

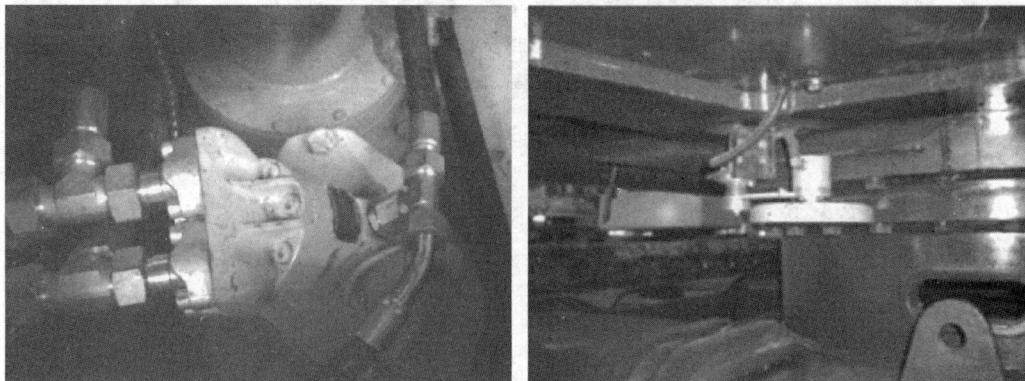

图 2 – 73　安装在不同位置的旋转编码器

测深接近开关：接近开关就是某种物体与之接近到一定距离时就会发出信号的行程开关，接近开关负责测量孔深，接近开关与拨盘之间的标准距离为 4～6 mm，接近开关头部带指示灯，可通过提示灯的亮灭来初步判断传感器的好坏。在拨盘转动的过程中，A、B 两个传感器的指示灯要在 A 亮 B 灭、A 亮 B 亮、A 灭 B 亮、A 灭 B 灭四种状态都出现后，才能正确测量深度。深度的变化率即为主卷扬的速度。如图 2-74 所示。

图 2-74　测深编码器装置安装图

拉绳开关：拉绳开关实际上也是一种有触点行程的开关，即当某种物体对其施加一定机械力使之断开/接通时，就会发出动作信号，从而实现控制电路状态的改变。这种拉绳开关主要用于副卷扬限位。如图 2-75 所示。

图 2-75　拉绳开关实物及安装位置

限位开关：又称行程开关，用于控制机械设备的行程及限位保护。在实际生产中，将限位开关安装在预先安排的位置，当装于生产机械的运动部件上的模块碰到行程开关时，就会实现电路的切换。实物与安装见图 2-76。

钻机上有多个限位开关，如以下几种。

①卷扬限位：负载碰触时，停止副卷扬的提升动作。

②主卷扬限位：随动架滑耳碰触时，停止主卷扬的提升动作。

③杆右倾限位：桅杆右倾到限制角度碰触时，停止桅杆油缸的动作。

④杆左倾限位：桅杆左倾到限制角度碰触时，停止桅杆油缸的动作。

⑤幅后倾限位：动臂提升到限制角度碰触时，停止变幅油缸的动作。

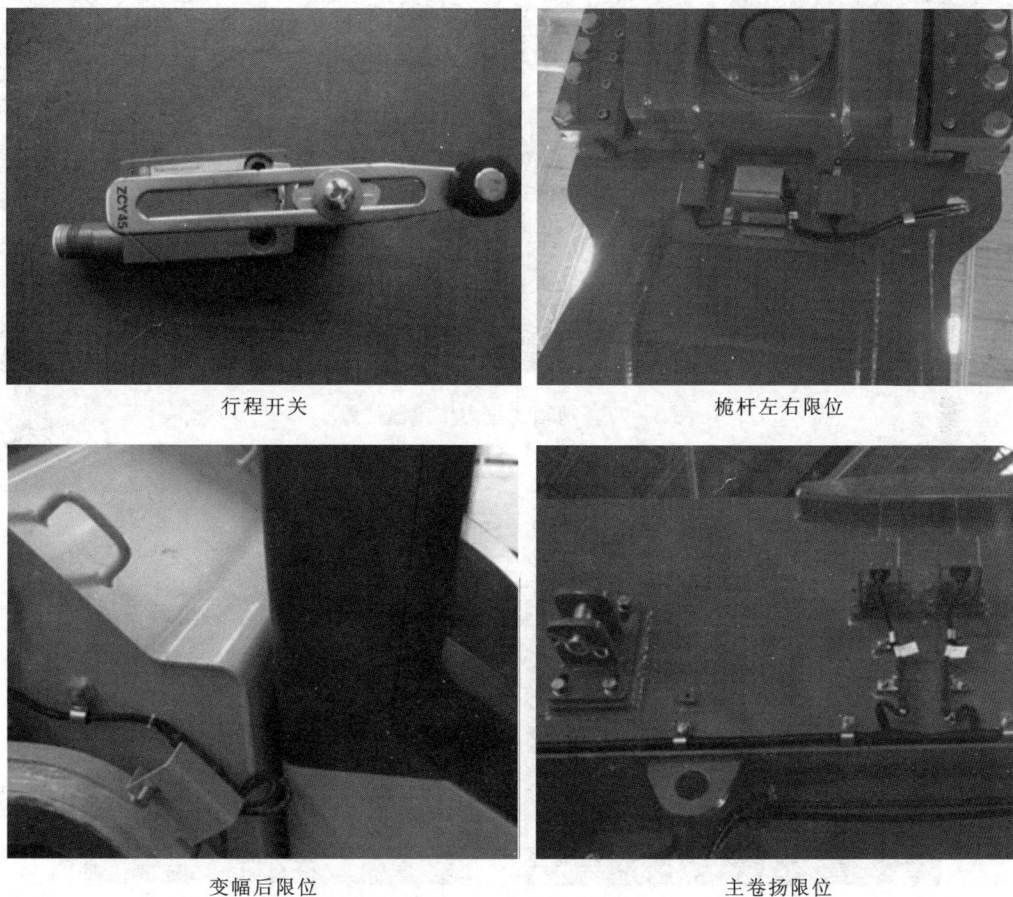

| | |
|---|---|
| 行程开关 | 桅杆左右限位 |
| 变幅后限位 | 主卷扬限位 |

图 2-76　限位开关及安装位置图

销轴式拉力传感器：工作原理为弹性元件（销轴）在外作用下产生弹性变形，使粘贴在它表面的电阻应变片也随之产生变形，其阻值也会随之变化，再通过测量电路将电阻变化转化为电流信号，从而完成拉力的测量。其安装于主卷扬大滑轮处，作用是测量主卷扬拉力。如图 2-77 所示。

压力传感器：使用压敏电阻作为测量元件，作用在测量元件上的压力使压敏电阻产生形变，其结果使得连接在电阻值改变，进而使输出的电压值发生变化，经过处理和计算后能得到相应压力。如图 2-78 所示。

图 2 - 77    销轴式拉力传感器位置

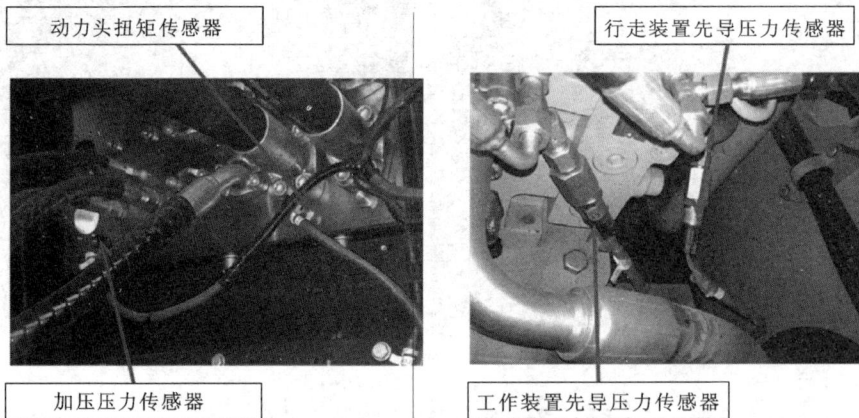

动力头扭矩传感器

行走装置先导压力传感器

加压压力传感器

工作装置先导压力传感器

图 2 - 78    主要压力传感器位置图

## 2.8.2    控制器

任何工程控制系统的核心都在于控制器,在人机界面上,人发出一系列的指令,它根据人的要求,翻译处理后将这些要求发送到相关的运作部件,并将这些部件的运作信息反馈到人机交互界面上,以便人为下一步的工作发出相关指令。控制器处理所有来自外设的数据及控制数据,经处理运算发出相应的控制命令,进而控制整车所有的动作。控制器采用工程机械专用控制器,它是集可编程逻辑控制器、信号调理模块、模拟量输入 A/D 模块、开关量输入、开关量输出等功能于一身的专用控制器。其原理图如图 2 - 79 所示,外形如图 2 - 80 所示。可编程控制器系统相对继电接触器控制系统而言接线很少,其主要功能是通过程序实现的,在需要改变设备的控制功能时,只需修改程序即可,修改接线的工作量是很小的。

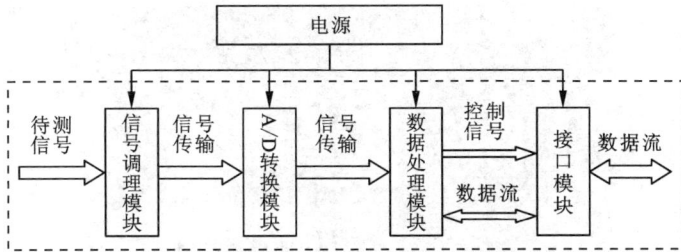

**图 2 - 79　控制器硬件部分框图**

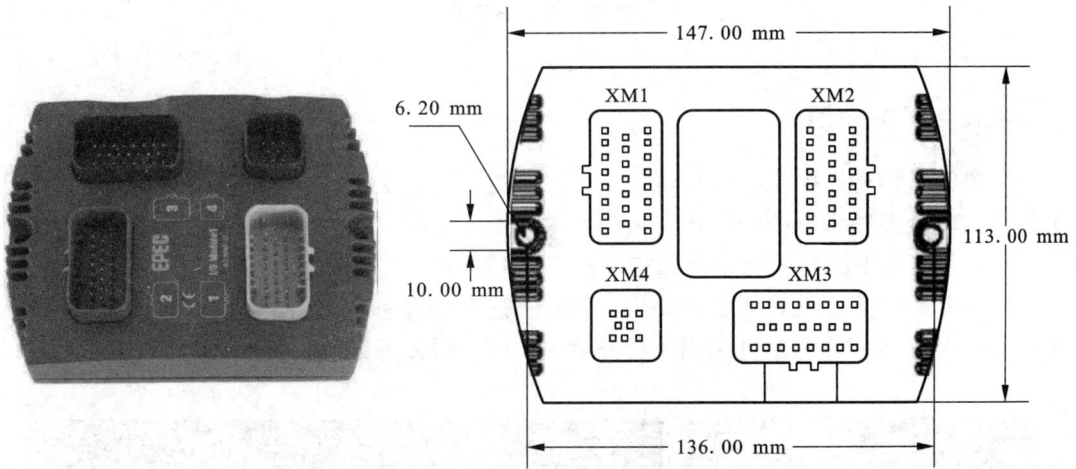

**图 2 - 80　控制器实物及安装尺寸**

### 2.8.3　显示器

　　显示器主要用作人机界面交互,用于显示控制的各种运行动作,直观反映控制数据、控制过程和报警系统。同时通过显示器可以更清楚、更精确地实现电气控制。在旋挖钻机上应用图形文本液晶显示器作为人机界面的输入方式,用显示器作为控制的输入点,比如:桅杆水平调节控制数据(角度)的直接显示,让操作机手能更直观地了解工作状态,进而更容易地操作机器。显示器操作简单、易用,操作机手很容易接受及使用。显示器实物如图 2 - 81 所示。

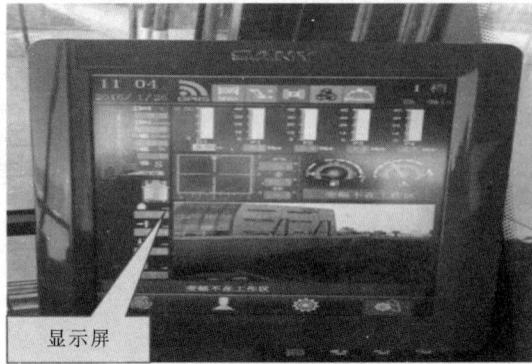

图 2 - 81　显示器

## 2.8.4　开关电源

开关电源又称稳压电源，即波动电压经过它的整定，变波动电压为恒定电压。使用开关电源的目的就是使整个电路的电压保持恒定，以保证所有电气元器件正常工作所需的电压都能满足，开关电源中的开关变压器的初级和次级是电耦合的，具有隔离作用，对防止干扰信号进入主控制系统内部也有一定的作用，可保证整个电气系统更可靠地工作，促进整个控制系统的协调性发展。旋挖钻机采用两种开关电源，分别如图 2 - 82 所示。

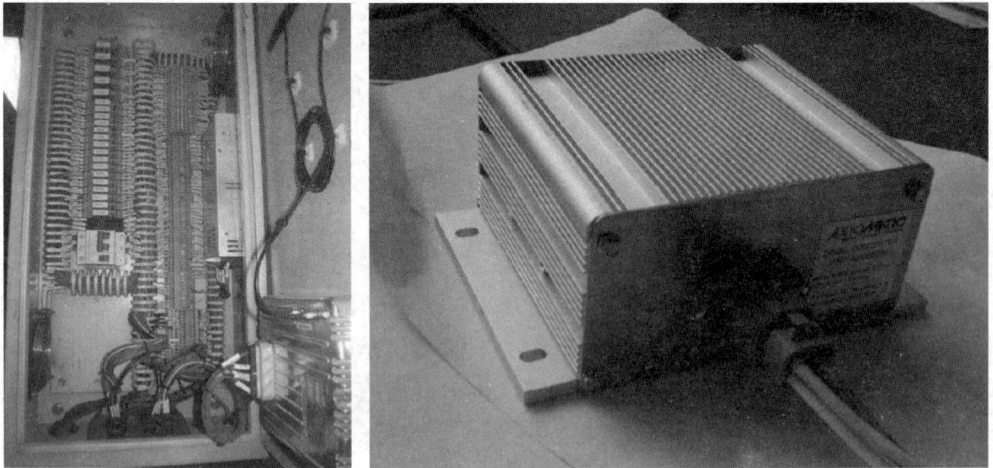

图 2 - 82　两种开关电源

60

### 2.8.5　桅杆手柄

桅杆手柄及操作示意如图 2 – 83 所示，接线图如图 2 – 84 所示。

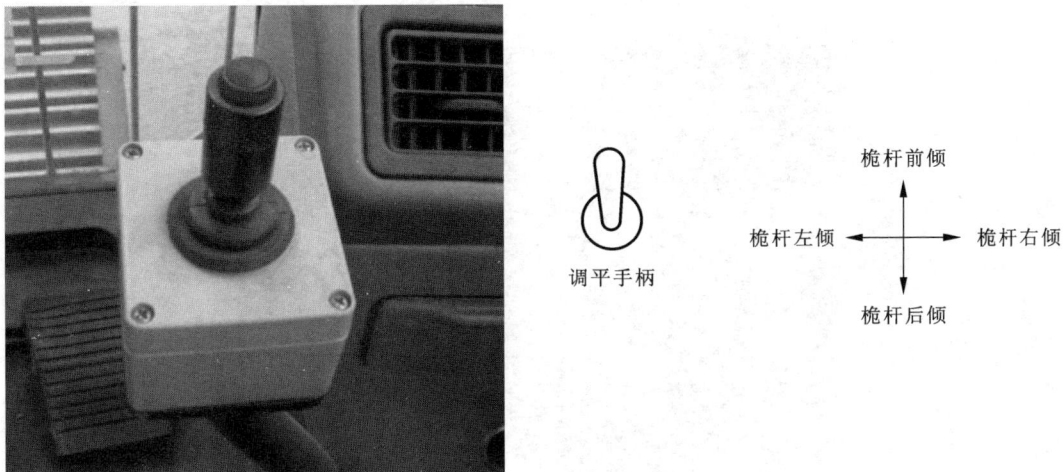

图 2 – 83　桅杆手柄

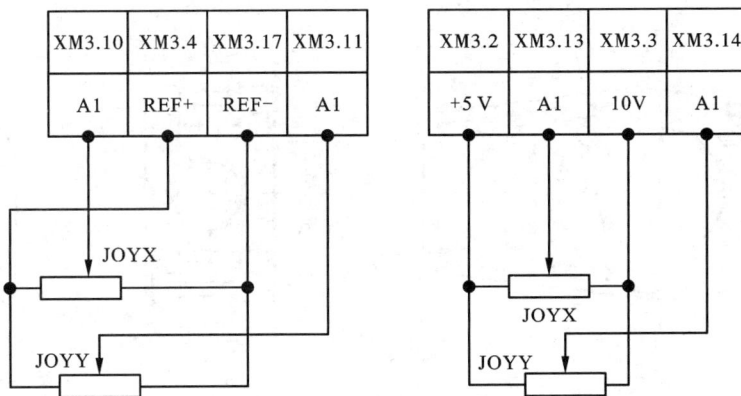

图 2 – 84　手柄在控制器 **2023**、控制器 **2024** 接线原理图

# 2.9　施工控制

### 2.9.1　垂直控制

钻孔过程中地面受压，可能导致车身水平角度发生变化，如果桅杆垂直度不可调的话，就会给钻孔带来垂直度的误差，且随着孔深的增加，误差会越来越大，严重影响后期施工的质量，这就对钻孔过程提出了实时监控的要求，以保证钻孔的垂直度。钻桅要有一定的自动

纠偏空间，而综合考虑纠偏与整车的稳定性，要求设计左右 5° 的摆角。钻桅与三角架连接处通过调垂机构连接，结构如图 2 - 85 所示。调垂机构由调节板 1、盖板 2、方钢 3 和定位轴套 4 组成，三角架通过十字轴插入定位轴套 4 中，钻桅可以以定位轴套为中心左右摆动 5°，当摆角达到 5° 时调垂油缸停止动作，动作信号由安装在调垂机构调节板两侧的行程开关控制。

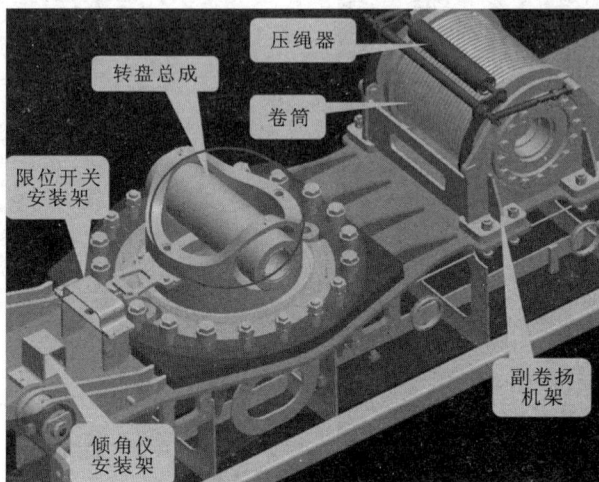

图中圆框即是调垂安装位置

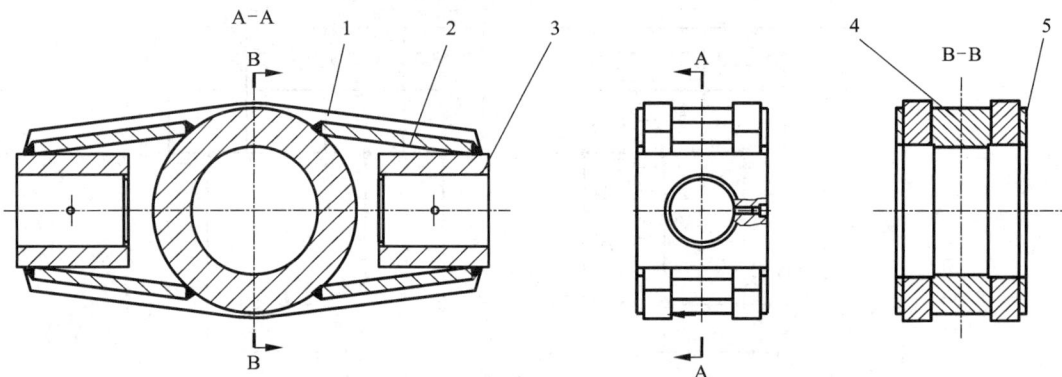

图 2 - 85　方轴式调垂机构

1—调节板；2—盖板；3—方钢；4—定位轴套；5—加强圈

　　钻桅垂直度控制系统主要由液压传动系统和控制系统组成。液压传动系统主要由发动机、负荷传感泵、负荷敏感阀、压力补偿阀、电液比例阀、液压缸等组成。负荷传感的液压系统会根据所需要的流量自动调节泵的排量，且控制精度不受负荷的变化影响。控制系统主要由电控操作手柄、XY 双向倾角传感器、信号处理器、微处理器（PLC 控制器）、显示系统（触摸屏）、调节机构（液压阀）、执行机构（油缸）组成。安装在钻桅上的双轴倾角传感器 E 测量在 X 和 Y 两个平面上的钻桅的倾斜角度，控制器根据角度偏差产生控制信号，经过数模转换器传递给电液比例阀，并驱动液压缸调整垂直度，其控制原理如图 2 - 86 所示。不同阶段垂直度控制的原理分述如下。

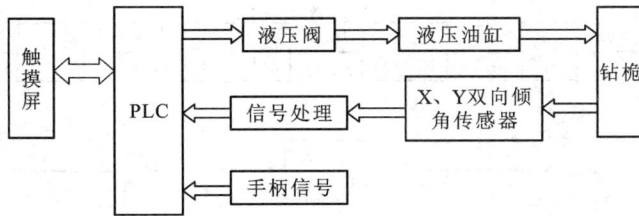

**图 2-86　钻桅杆调平控制系统**

①钻桅举升控制：在此过程中，旋挖钻机的控制器通过采集电气手柄及倾角传感器信号，进行数学运算，输出信号驱动液压油缸的比例阀实现闭环举升钻桅控制，实现钻杆平稳、同步的举升。同时采集倾角传感器的信号到显示屏，对钻桅举升过程中桅杆的左右倾斜角度进行监测控制。

②钻桅垂直度手动/自动控制：钻机一般情况下为直孔作业，所以需要对钻杆进行垂直度手动和自动控制。当钻桅倾角小于 5°时才可通过显示器上的自动调垂按钮进行自动调垂作业，此时，控制器通过采集倾角传感器的信号计算出钻桅的实际垂直度，通过闭环的数学模型驱动比例阀自动调整钻桅垂直度，能在较快时间内达到较高精度，而当钻桅倾角在大于5°、小于15°的范围内时，只能通过显示器上的点动按钮或电气手柄进行手动调垂工作。在调垂过程中，操作人员可通过显示器的钻杆工作界面实时监测钻杆的位置状态，自动调垂原理图如图 2-87 所示。

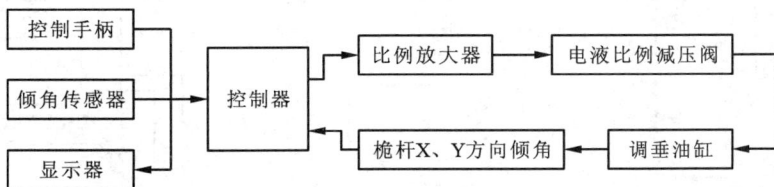

**图 2-87　自动调垂原理**

1—负载敏感阀；2—压力补偿阀；3—变量缸；4—SX18 多路阀主阀；5—负载敏感阀；
6—先导控制阀；7—支撑油缸；8—梭阀；X—进油口控制；Y—出油口控制

首先，钻桅举升过程中负载变化范围大，需要通过垂直度控制系统来保证两油缸在变负载下的运动速度保持平稳；其次，举升过程中两油缸的偏载引起其运动速度的较大差距，虽然调平缸和钻桅是柔性铰接，但两油缸的长度产生较大差距时，也会使钻机机构受到严重损害，这也需要通过垂直度控制系统来保证两油缸的同步举升；再次，钻机钻孔深度最大可达几十米甚至上百米，钻机钻孔作业时，由于每次的回转定位制动和其他外界因素所引起的钻杆微小倾斜都可能导致较大的成孔偏差，从而影响成孔质量和施工效率，这也就需要通过垂直度控制系统在施工过程中不断地进行自动检测和调整钻桅的垂直度，来保证成孔质量，提高成孔效率。图 2-88 所示是钻桅垂直度控制液压系统原理图。图 2-89 是电液比例控制原理。

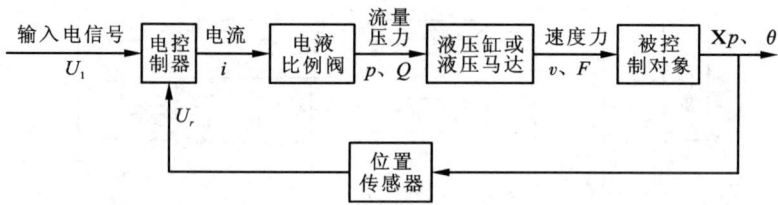

图 2-88　垂直度电液比例控制原理

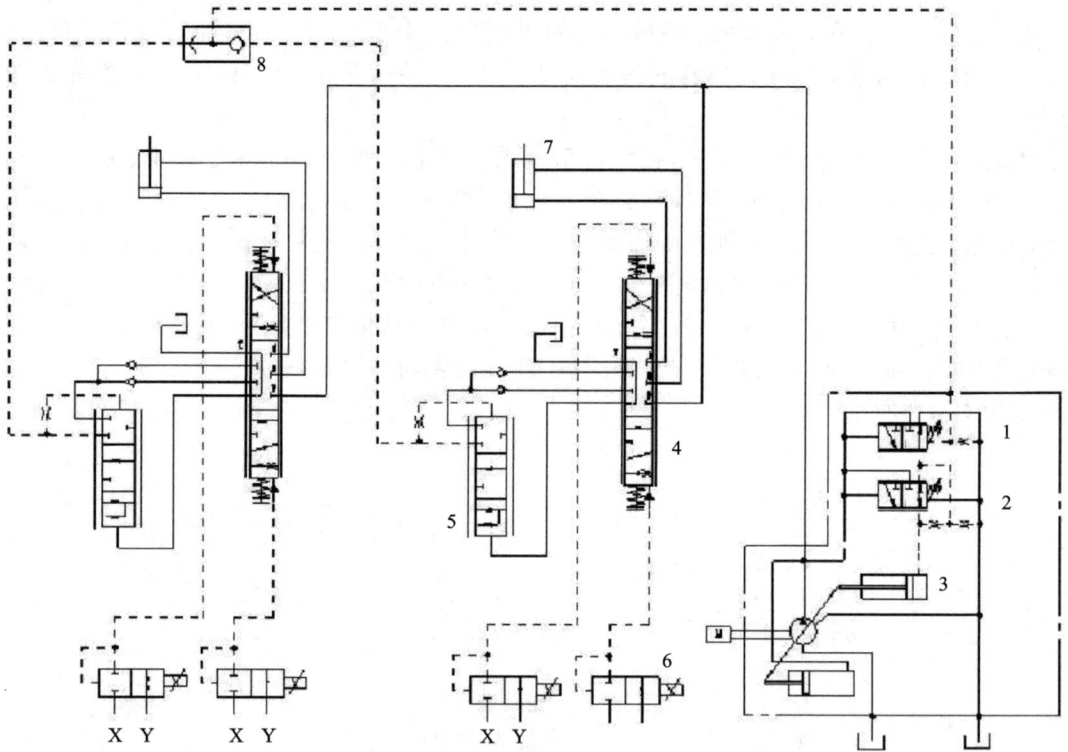

图 2-89　垂直度液压控制系统

## 2.9.2　深度测量

额头滑轮测深方式：通过编码器计数，通过精密计算最后以深度在显器上显示。此方法对器件来说安装简单，但精度不高(受钢丝绳的跳绳、滑轮的磨损、轴承的磨损等因素影响)。

卷扬测深方式：通过编码器计数，通过精密计算最后以深度在显示器上显示。此方法要求每次换钢丝绳时都要重新标定参数(钢丝绳的层数及最外层钢丝绳的股数不同)，但精度高。

深度的显示方式：在显示器上显示成孔深度(已经成孔的深度)、钻头位置(钻头所在的

64

位置)、单次进尺(每斗所挖的深度)。

### 2.9.3　触地提示

当钻头位置等于成孔深度时,显示器会弹出触地提示(在主卷扬可以电控停止的情况下可以做触地防护,增加销轴传感器,根据当前的重量来判断钻头是否到底,到底后停止主卷扬下放,3 s解除,以防止钢丝绳乱绳)。

# 第3章
# 旋挖钻机操作

## 3.1 安全规则

（1）当风力等级达八级时，必须停止钻孔作业，并将桅杆放至水平状态。

（2）钢丝绳是旋挖钻机的关键零部件之一，同时也是易损件，正确地选择以及合理地使用、保养，可以提高钢丝绳的使用寿命，避免事故的发生。钢丝绳与吊钩、钢丝绳连接体的连接，以及钢丝绳的检查、保养、报废必须严格遵守国家对起重机行业的相关法规规定。新更换的钢丝绳一般应与原安装的钢丝绳同类型、同规格，如果采用不同类型的钢丝绳，用户应保证新钢丝绳不低于原钢丝绳的性能。不能使用存在安全隐患，如打结、断丝、变形等情况的钢丝绳。整理索具、钢丝绳时应戴防护手套。如果存在下列任一情况，都必须尽快更换：①绳端或其附近出现断丝；②绳股断裂；③弹性减小，绳径减小，钢丝绳捻距伸长；④钢丝绳外部及内部发生严重腐蚀；⑤钢丝绳磨损；⑥钢丝绳变形；⑦绳径减小。

（3）控制操作的标志和手势要求：①只有可靠的、经过训练的人员才能给出信号指示；②操作手和协助人员双方应明确使用的信号的含义；③当不明白信号含义时，操作手应停止操作；④操作手应只接受来自一个人的指示信号；⑤信号员应站在安全位置，能观察到全部作业的地方。

（4）预防翻车的措施及要求。

①在钻机正常行驶位置，机手在上坡时应面向上坡方向，在下坡时面向下坡方向，避免钻机在坡上移动时，重心突然发生变化导致钻机失稳。

②在上下坡之前应调整好钻机的行走方向和桅杆倾斜的角度，避免在坡道上变向和在坡道上横向移动。禁止在坡道上停车，禁止在上下坡的过程中进行回转操作。

③在上坡时应注意桅杆倾斜的角度，桅杆过度后倾在上坡时可能导致钻杆的下滑，使钻机因失去重心而后倾。

④在钻机行走前应把工作装置、钻杆、钻具放在较低的位置，以降低整机的重心。

⑤钻机在横向或纵向有斜坡的场地工作时，应使履带拓展至最宽（适用有此功能的钻机），此时钻孔允许的最大地面坡度为2°（仅对坚实、不易坍塌的地面）。

⑥下坡行驶时不要突然减速。在通过危险地面前要检查坡度及地面的坚实情况，并对路线和地面做出预判断和预选择，尽可能避免通过危险地面。

⑦对倾斜和易塌陷的不稳定地面进行预平整和预加固，保证满足钻机对倾斜度的要求，

保证地面有足够的强度支撑钻机行走。

⑧在冰冻的地面上进行施工或行走时，要注意压力和温度对地面的影响，避免发生侧滑和下陷。

（5）操作钻机安全要求。

①钻机操作手必须坐在驾驶室的座椅上进行操作，控制钻机运行，防止钻机失控。

②当钻机行驶时，特别是在不平地面或岩石地面上行走时，桅杆可能会上下或左右摆动，要注意桅杆的摆动范围，不得超过规定值。桅杆的摆动范围为：上摆动不得超过15°，下摆动不得超过30°，左右摆动不得超过10°。

③在旋转回转平台行走和立起或倒下桅杆前，要注意钻具和桅杆所涉的范围内是否有障碍物，距离地面是否有足够的高度，确保钢丝绳、桅杆不会碰挂人员或物品。

④钻机行驶时，以及上车转台回转前，要使桅杆向后适当倾倒，以增加稳定性。

⑤关于距离障碍物的最小距离，请遵循国家和地方的施工安全法规。

⑥钻机在松软地面上行进时要特别谨慎小心。如果地面松软、易下陷，要在履带下面铺垫木板或铁板。

⑦如果在夜间操作钻机，必须保证有足够的照明。

⑧在上车体上部操作时，应防止跌落。安全标志如图 3 - 1 所示。

⑨锁紧钻机，防止桅杆下滑伤人。安全标志见图 3 - 2。

⑩确保提引器和钻杆用销轴可靠连接。安全标志如图 3 - 3 所示。

⑪钻杆与随动架螺栓扭矩要求，如图 3 - 4 所示。

⑫远离运转的动力头，小心烫伤。安全标志如图 3 - 5 所示。

⑬卷扬机防止挤压。安全标志如图 3 - 6。

图 3 - 1　注意跌落标示

图 3 - 2　桅杆下滑标志

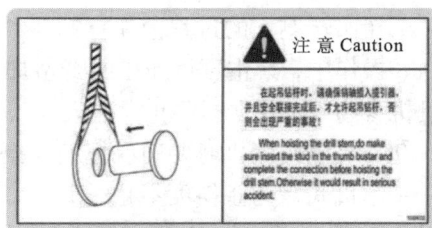

图 3 - 3　销轴连接标志

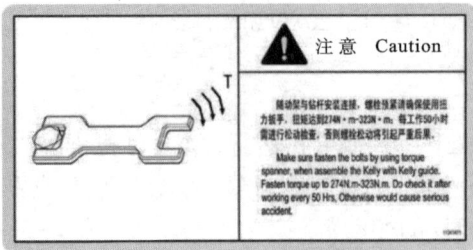

图 3-4 螺栓扭矩

图 3-5 动力头标志

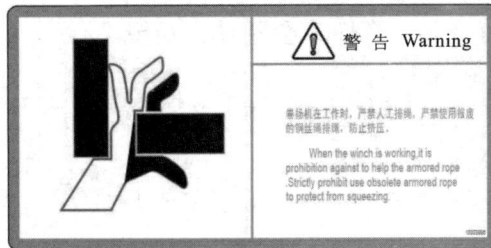

图 3-6 卷扬机警示标志

（6）施工安全要求。

在施工前确认钻机、钻杆和钻具的选择是正确的，能满足地质、施工的要求。

①在钻机施工前应对场地进行预加固和预平整，如果在斜坡上施工，应保证倾斜度在允许的范围内，并尽可能沿纵坡方向作业，避免沿横坡方向作业。

②钻孔时须保持行驶锁定，避免误操作引起钻机移动。

③对于软地层，如回填土和淤泥层，在施工前要对地面进行预加固，必要时在旋挖钻机履带下铺垫厚钢板，要求钢板厚度不小于 20 mm，宽及长均比履带大出约 1 m。

④在进行倒桅、立桅操作之前，应先将变幅提高到高于驾驶室的位置，这样可以避免误操作引起桅杆压到驾驶室。

⑤在钻机工作时必须保持钻机的上、下车方向平行，严禁在垂直方向上进行钻孔作业。

⑥严禁通过快速上下提钻具或者撞击其他物体的方式倒土。

⑦在回转倒土的过程中注意钻斗和变幅距离地面的高度，避免发生碰撞。

⑧操作中，禁止盲目加压或野蛮加压，如果钻机因动力头加压或卷扬机提起钻斗而引起钻机机身翘起，要立即停止操作。

⑨需要维修停机时要确保把钻斗提出孔外，避免钻斗长时间在孔内造成埋钻的发生。

⑩钻机底盘的倾斜度不超过 2°时，可以通过调整桅杆垂直度，在不必修整地面的情况下施工。

⑪经常注意钢丝绳在主卷扬卷筒上是否排列有序，若有错乱，应重新绕排。

⑫应经常检查钻杆的工作情况，如出现收不回或放不出的现象，或有其他异常情况时，应立即报告，禁止盲目处理。

⑬经常注意提引器的工作情况，如发现钢丝绳有扭转现象，应检查提引器，必要时，应

更换。

　　⑭工作中发现任何不正常征兆均应停机检查，查明原因，修好后方可继续工作。

　　⑮钻机在不同桩位移动时，须注意与完成的桩孔和盲孔保持安全距离，避免钻机倾覆。

　　（7）钻机的拆装。

　　①正确地使用工具，人员、辅助设备的配备满足要求，如吊车、吊耳、吊带的承载力均需满足要求。

　　②所用的场地应平坦、夯实、开阔，高空没有高压线等障碍物。

　　③做好液压管路的密封，防止漏油，注意油管的最小弯曲半径，不可野蛮弯折油管或使油管缠绕放置。

　　④拆卸的部件不可直接放置在地面上，应在地面上加垫枕木或木板等，拆卸下的小零部件、紧固件等要统一配套放置，不可散乱堆放。

　　（8）钻机的运输。

　　①运输旋挖钻机时必须选用具有合适容积和承载能力的车辆，运输车必须符合有关特殊车辆的运输标准要求。

　　②必须在坚实水平的地面上装卸机器，并与存在安全隐患的地面保持适当的距离。

　　③装卸台必须有足够的强度与宽度，与地面的倾角不得超过15°，斜面表面保持整洁，不得有积雪、油污及其他异物。在上下板车的过程中必须有一位信号员协助驾驶员进行操作，及时给出危险、指导信息。

　　④在上下板车的过程中，注意动力头的高度和桅杆的位置，避免发生碰撞。保持钻机和板车的中轴线在一条线上，保证两边履带与板车具有相同的最大接触面积，使导向轮在靠近板车尾端的位置，动力头在驱动轮侧，缓慢匀速地爬上平板车。

　　⑤钻机专门设有防转锁销，为防止装运过程中回转平台转动而发生事故，装运前必须确保锁销正确插入槽口并锁住。

　　⑥通过桥梁和隧道时，应确认桥梁的最大负载和隧道的尺寸满足要求。

　　⑦在公路上运输钻机时，要确保固定可靠，符合运输法规要求，避免急停和急转弯。

　　⑧如果机器需要海运，则必须进行防腐蚀处理。

# 3.2　功能介绍

## 3.2.1　驾驶室布局

驾驶室布局如图 3 – 7 所示。

## 3.2.2　自动怠速

　　自动怠速有效时，显示屏上显示"自动怠速"。当系统液压操纵杆回中位的时间超过 5 s后，发动机自动降到（1400 ± 50）r/min 的速度运转，当开始工作时，发动机则立即恢复到原调节的转速。按下"自动怠速"按钮将取消怠速，同时显示屏上显示"取消怠速"。"自动怠速"状态下，在需短时间停歇操作的工作中，发动机进入怠速运转状态，可以达到节省燃油的目的。

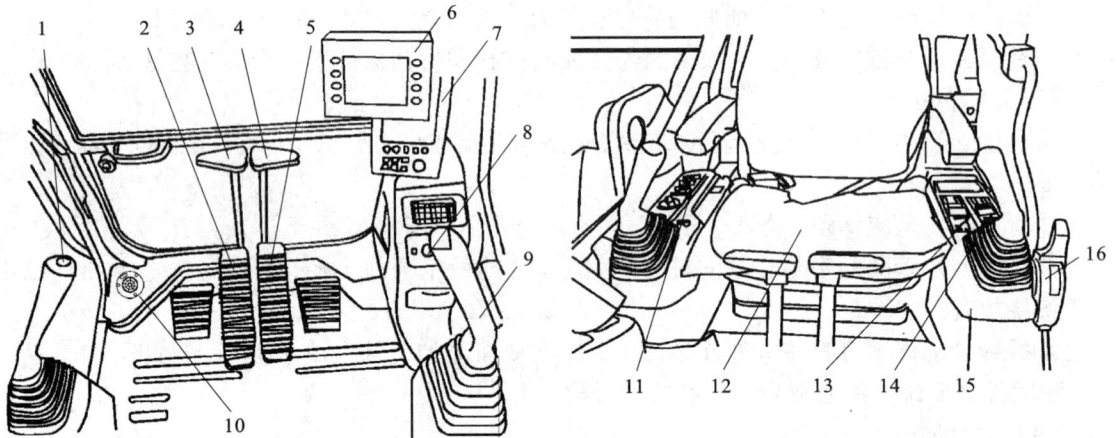

图 3 – 7 驾驶室布局图

1—左操纵手柄；2—左行走踏板；3—左行走控制手柄；4—右行走控制手柄；5—右行走踏板；6—显示器；
7—发动机电子监控器；8—桅杆调整手柄；9—右操纵手柄；10—气泡水平仪；11—辅助控制；12—座椅；
13—收音机控制面板；14—空调控制面板；15—操纵箱；16—液压系统先导控制开关

### 3.2.3　液压系统先导控制开关

液压系统先导控制开关是一种安全锁装置，其通过锁定液压系统，避免在非工作时间的误操作。将液压系统先导控制开关的操纵手柄前推（黄色挡杆翘起），此时液压系统解锁，整车的液压系统可正常工作。将此操纵手柄后拉（黄色挡杆落下），则液压系统锁定，除履带伸缩、行走和桅杆动作外，整车其余液压系统均不能工作。在进、出操纵室时，必须将此手柄后拉（黄色挡杆落下），以锁定液压系统，防止在进、出操纵室时误碰操纵手柄，引起钻机动作，造成不必要的损失。

### 3.2.4　左右操纵手柄

（1）左操纵手柄按钮功能。

如图 3 – 8 所示，A 为 PWM 按钮，上推是回转有效，下推是深度清零。B（正面左上方按钮）为主/副卷扬切换按钮。C（正面左下方按钮）无功能。D（背面按钮）控制按钮开关是否有效。

（2）右操纵手柄按钮功能。

如图 3 – 9 所示，E 为 PWM 按钮，上推是浮动，下推是备用按钮。F（正面右上方按钮）为加压/变幅切换按钮。G（正面右下方按钮）为正常/低速大扭矩。H（背面按钮）为喇叭。

（3）左操纵手柄方向功能（如图 3 – 10 所示）。

①切换到控制主卷扬时，前推使钻杆下放，后拉使主卷扬拉动钻杆提升。

②切换到控制副卷扬并解除副卷扬锁定时，前推使副卷扬钢丝绳下放，后拉使其提升。

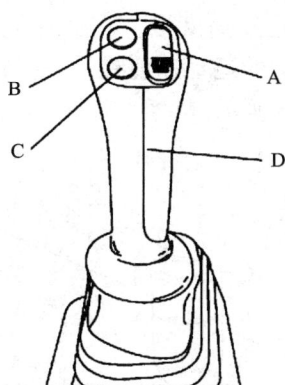

图 3－8　左操纵手柄按钮功能

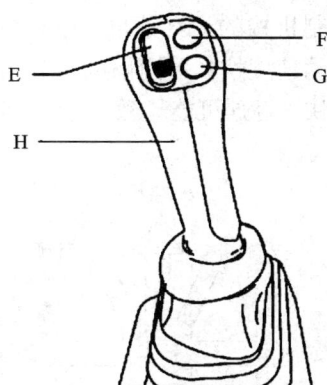

图 3－9　右操纵手柄按钮功能

③上推按钮 A 并左推手柄使上车左回转，上推按钮 A 并右推手柄使上车右回转。

（4）右操纵手柄方向功能（如图 3－11 所示）。

①左推使动力头正转，右推使动力头反转。

②低速大扭矩时：按下按钮 G，左推右手柄动力头低速大扭矩正转，右推右手柄动力头低速大扭矩反转。

③切换到加压时，前推使加压油缸活塞杆伸出，即对钻杆进行加压，后拉使加压油缸活塞杆缩回，即提起动力头。

④切换到变幅时，前推使变幅机构前落，即桅杆平行前移，后拉使变幅机构后起，即桅杆平行后移。

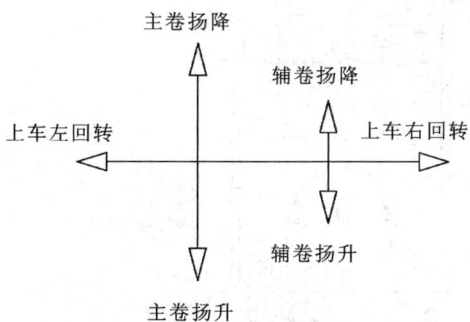

图 3－10　左操纵手柄方向功能

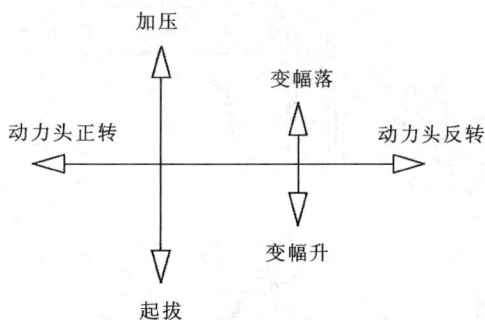

图 3－11　右操纵手柄方向功能

### 3.2.5　桅杆调整手柄

操作此手柄可控制桅杆油缸，即调整桅杆的角度。在按下手柄顶端的按钮后，调整手柄的动作才能生效。前推调整手柄，桅杆作前倾运动。后拉调整手柄，桅杆作后倾运动。左推调整手柄，桅杆作左倾运动。右推调整手柄，桅杆作右倾运动。左前推调整手柄，桅杆前倾并向左微调补偿。左后推调整手柄，桅杆后倾并向左微调补偿。右前推调整手柄，桅杆前倾

71

并向右微调补偿。右后推调整手柄，桅杆后倾并向右微调补偿。手柄动作幅度的大小将直接影响被控制机构的运动速度：手柄幅度小，被控制机构的运动速度慢；手柄幅度大，被控制机构的运动速度快；手柄幅度达到最大位置时，被控制机构的运动速度最快。操作手柄的动作不能太快，否则可能导致运动机构发生危险。如图3-12所示。

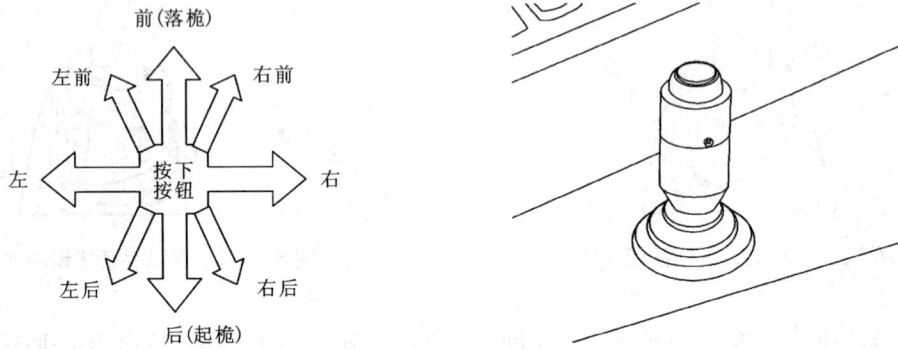

**图3-12　桅杆调整手柄功能方向**

### 3.2.6　显示器

显示器作为人机界面，如图3-13所示，可完成对系统的控制操作，同时可提供操作部分的报警和系统帮助。显示器的显示操作功能如下所述。

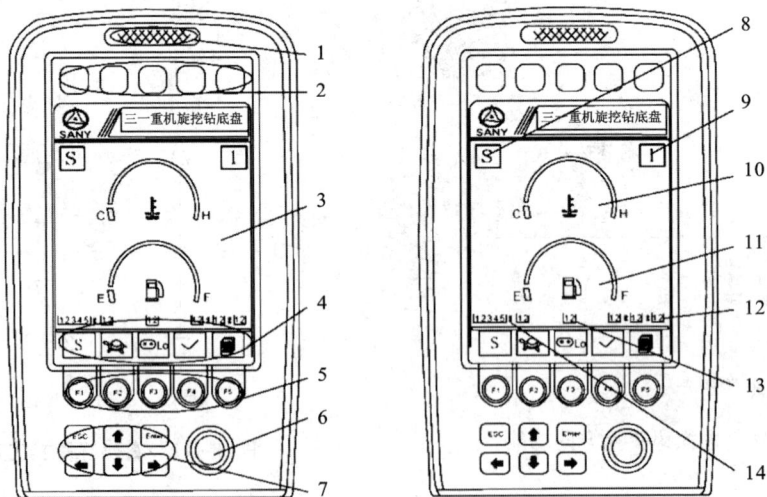

**图3-13　显示器功能示意图**

1—报警指示灯；2—功能指示灯；3—界面显示区；4—功能说明；5—功能转换键；6—编码旋钮；7—组合功能键；8—工作模式；9—油门挡位；10—水温；11—燃油量；12—当地时间；13—故障代码；14—累计工作时间

72

①深度显示：钻进深度控制的显示和设定，当钻进深度达到设定值时，有报警提示，便于准确掌握孔深程度。

②上车回转定位指示和回转数值：设置上车回转初始值，能自动显示回转角度，在钻头倒土后指示上车回到设定位置。

③桅杆调整油缸限位指示：避免桅杆过度倾斜，使钻机倾翻。前倾角度由程序角度控制，不能超出 5°。

④钻杆提升高度限位：防止钻杆提升过高撞坏滑轮架。

⑤辅卷扬钢丝绳提升高度限位：防止吊钩提升过高撞坏滑轮架。

⑥加压/变幅工况的显示和切换。

⑦主/辅卷扬工况的显示和切换。

⑧加压模式的显示和切换。

⑨工作模式和拆装模式的显示和切换。

⑩浮动控制。

⑪回转解锁/锁定的显示和切换。

⑫辅卷扬解锁/锁定的显示和切换。

⑬行走解锁/锁定的显示和切换。

⑭回转角度清零。

⑮桅杆手动/自动立桅的操作和切换。

⑯十项报警提示。

### 3.2.7　紧急停机开关

紧急停机开关位于驾驶员座椅左侧下面，如图 3-14 所示。在遇到紧急情况时，提起盖子 1，上推开关 2，钻机的发动机就会停机。当重新启动发动机时，必须先复位紧急停车按钮，解除停车状态，发动机才能启动。

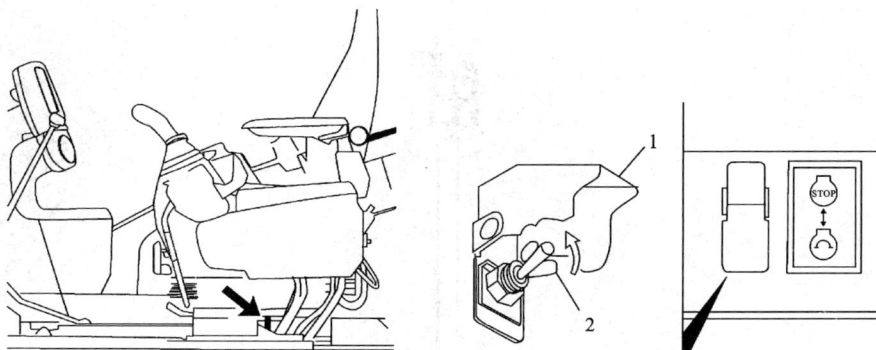

图 3-14　紧急停机开关
1—盖子；2—开关

### 3.2.8 水平仪

水平仪固定在驾驶室底板左前方，如图3-15所示。水平仪气泡的位置能说明底盘倾斜的幅度。当气泡位于中间时，说明底盘处于水平位置。当气泡的位置在刻度中心的前方（后/左/右）时，说明底盘向后方（前/右/左）倾斜。钻机在施工时地面不平度必须控制在2°左右。当地面不平度超过2°时，禁止施工，必须先将地面平整然后再施工。

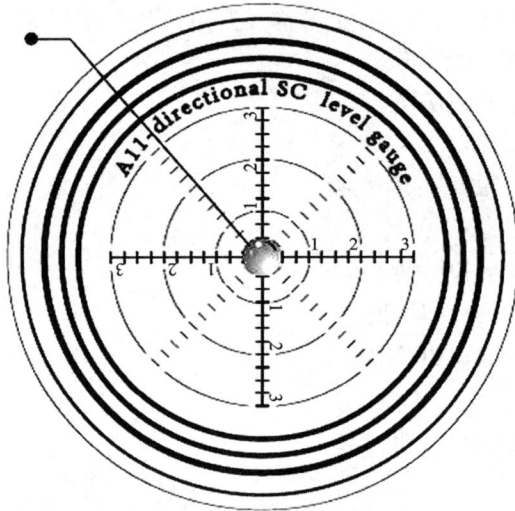

图3-15　水平仪

### 3.2.9 报警灯

报警灯位于设备的配重上，如图3-16所示。当设备回转的时候，报警灯会工作，提醒周围人注意安全，远离钻机的回转范围。

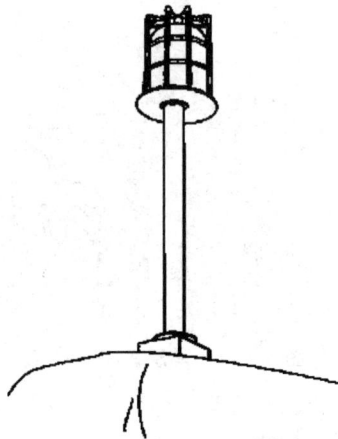

图3-16　报警灯

74

### 3.2.10　钻进工况主页面

钻进工况主页面如图 3 – 17 所示,页面信息包括如下内容。

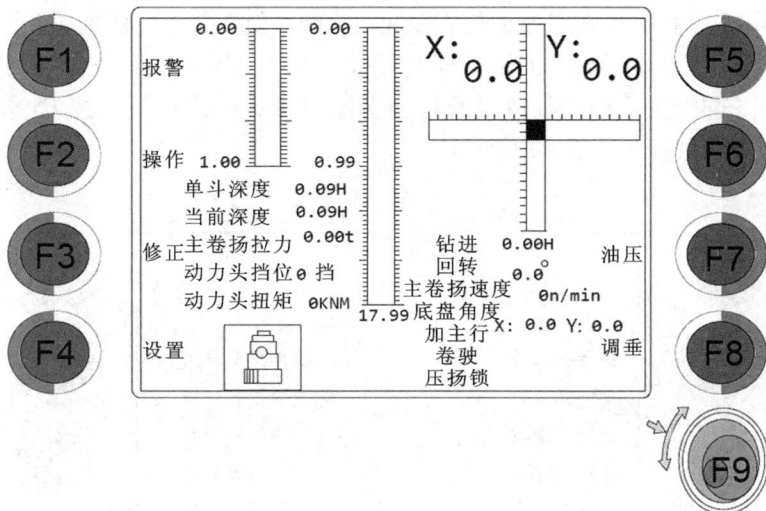

图 3 – 17　钻进工况主页面

左边短柱状图:柱状图显示单斗深度,即钻斗每斗钻进的深度,可设定单斗显示的深度值。

左边长柱状图:柱状图显示当前孔的钻进深度,相应深度以蓝色段显示,柱状图下端数字为预设深度,深度值可设定。

单斗深度:以数字的方式实时地显示左边短柱状钻头每斗钻进的模拟深度。

当前深度:以数字的方式实时地显示长柱状的钻进深度。

钻进深度:显示当前钻头所在的位置。

回转:显示回转角度,向右回转为正值,向左回转为负值。

动力头挡位:显示当前动力头的挡位值。

动力头扭矩:显示当前动力头的转速值。

主卷扬拉力:显示主卷扬钢丝绳的拉力值。

主卷扬速度:显示主卷扬钢丝绳的下放或上提速度。

显示加压/变幅模式,行驶解锁/锁定模式,主/辅卷扬的有效和锁定模式。

十字条柱图:显示桅杆倾角数值,以桅杆垂直地面为原点,X 轴的正值代表右倾角度,X 轴的负值代表左倾角度,Y 轴的正值代表前倾角度,Y 轴的负值代表后倾角度。

底盘角度:显示当前底盘角度值。

有故障或限位时红色报警符号闪烁显示,同时伴有报警提示音。

按钮说明:F1 为报警按钮,可进入报警显示页面;F2 为操作按钮,可进入功能操作页面;F3 为修正按钮,可进入回转角度、深度补偿、主卷扬拉力设置页面;F4 为设置按钮,可设置系统参数,专业维护人员凭密码进入;F7 为油压按钮,可进入数字油表显示画面;F8 为调垂按钮，可进入桅杆调垂操作画面。

### 3.2.11　报警页面

在钻进工况页面下按 F1 按钮键，进入到报警页面。此页面可以查看底盘倾角过大主卷扬限位、副卷扬限位、桅杆左限位、桅杆右限位、收幅油缸限位、变幅前限位、润滑油滤芯堵塞、副油箱滤芯堵塞、系统故障、加压卷扬上限位等 10 项报警提示。如有报警，报警项后面会出现红色"√"，同时主界面的红色报警灯会不停闪烁。在此页面下按 F5 按钮键，返回钻进工况主页面。报警页面如图 3－18 所示。

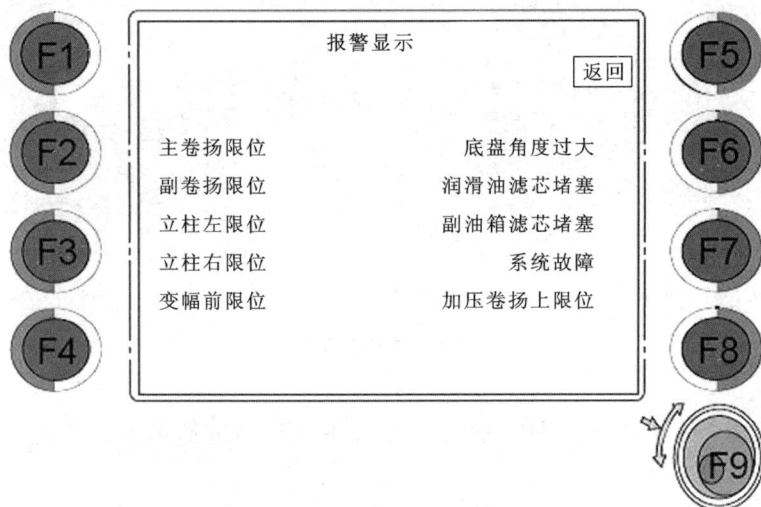

图 3－18　报警页面

### 3.2.12　操作页面

在钻进工况页面下按 F2 按钮键，进入到操作页面，主要为工况切换页面。操作页面中的"红色实心圆形"代表被选中，"空心圆圈"代表未选中。操作页面如图 3－19、图 3－20 所示。

页面按钮说明具体如下。

F2：副卷扬锁死与解锁工况切换。

F3：变幅与加压工况切换（与右操纵手柄的 F 按钮功能相同）。

F5：返回钻进工况主页面。

F6：行驶解锁与锁死工况切换。行驶解锁工况时，推动行走操纵杆履带正常行驶；行驶锁定工况时，履带不能行驶。

F7：限位开关有效与失效工况切换。限位开关有效，即执行机构碰触限位开关时有报警，动作立即停止，不能继续；限位开关失效，即执行机构碰触限位开关时有报警，动作不停止，仍能继续。（注：桅杆左右限位开关不受此按钮的影响。）

F8：进入操作页面的下一页。

76

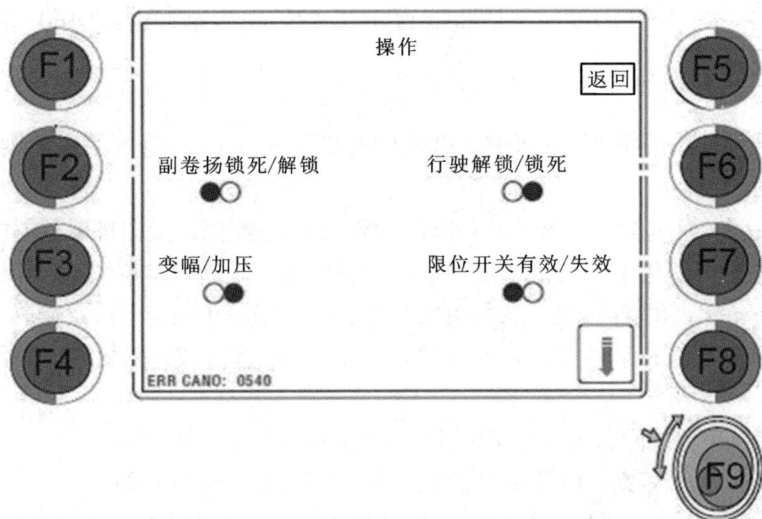

**图 3 – 19　操作页面一**

页面按钮说明具体如下。

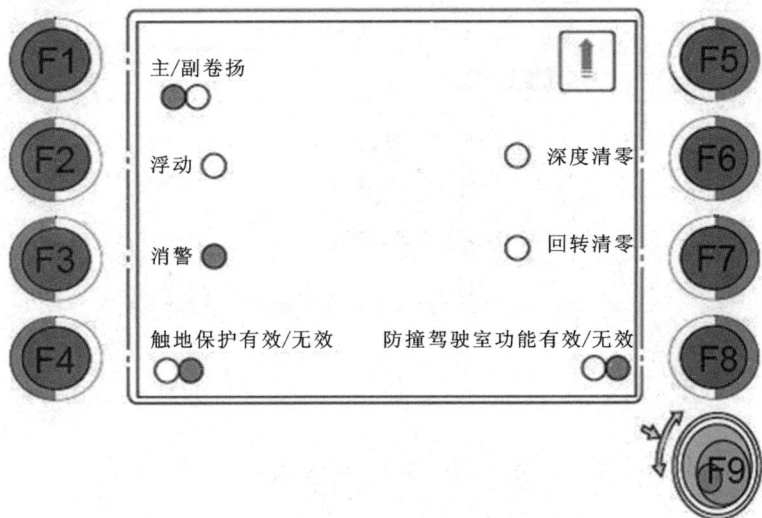

**图 3 – 20　操作页面二**

F1：主卷扬与副卷扬工况切换。

F2：主卷扬浮动控制（与右操纵手柄的 E 按钮上推功能相同）。

F3：报警声音的开关。

F4：主卷扬触地保护有效与无效切换。

F5：返回上一页。

F6：深度由当前深度值清除为零，将重新计算钻孔深度（与左操纵手柄的 A 按钮下推功能相同）。

F7：回转清零键，回转角度显示值将清为"0"，回转角度指针也指向"0"位。

### 3.2.13 补偿修正页面

在钻进工况主页面下按 F3 按钮键，进入到补偿修正页面。此页面主要对回转角度和深度测量进行补偿修正。

修正操作说明：通过旋转按钮 F9 来选择所要修正的数据，反白即被选中，如 **-9000**。选中后再按下按钮 F9，数字开始闪烁，即进入编辑状态，顺时针旋转按钮 F9，闪烁的数字按" − 、0、1、2、…、9"的顺序变化，选择好数字后按下按钮 F9 确定，依次旋转 F9 可对其他数字进行更改。更改后按下保存按钮后设置的补偿值才会生效。补偿数值设定范围为 − 9000‰ ~ 9000‰。

修正公式：修正后的数值 = 修正前数值 ×（1 + 补偿修正数值）。

按钮说明：F1 为保存，将设置的补偿数值保存至控制器，只有按下保存按钮后设置的补偿值才会生效；F5 为返回钻进工况页面；F8 为进入下一页，补偿修正页面第二页。此页面主要对主卷扬拉力进行补偿修正。如图 3 − 21、图 3 − 22 所示。

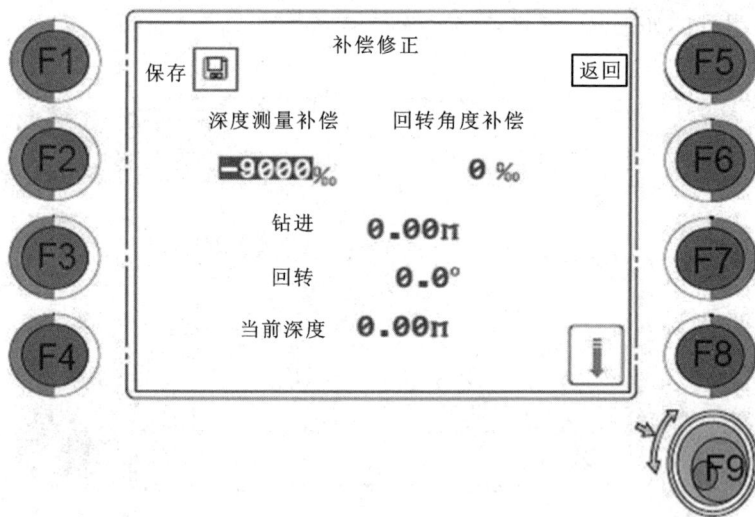

图 3 − 21　补偿修正页面一

### 3.2.14 桅杆调垂页面

在钻进工况页面下按 F8 按钮键，进入到桅杆调垂页面。在此页面可以完成对桅杆的各种方式的操作和调整。如图 3 − 23 所示。

按钮说明具体如下。

F1：点动操作模式下的 $Y$ 正方向，即桅杆向前倾斜。

F2：点动操作模式下的 $Y$ 负方向，即桅杆向后倾斜。

F3：点动操作模式下的 $X$ 正方向，即桅杆向右倾斜。

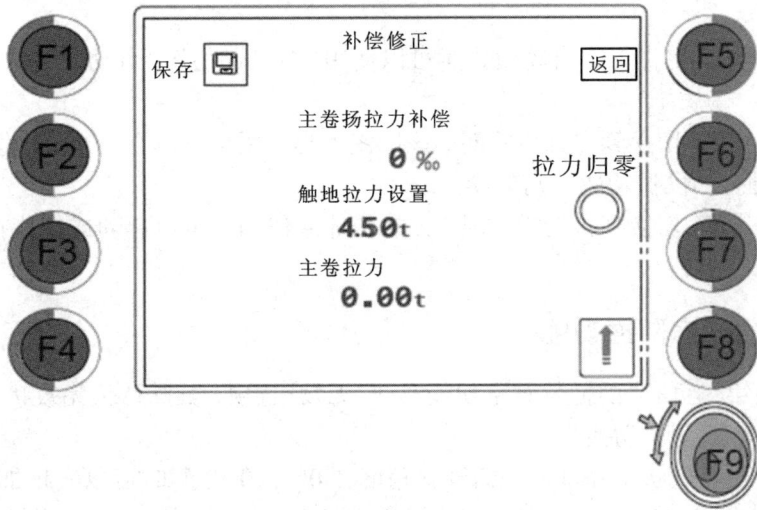

**图 3－22　补偿修正页面二**

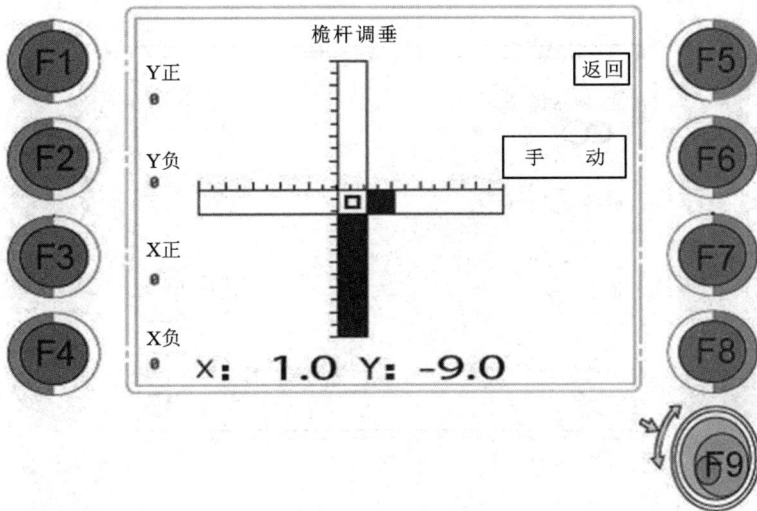

**图 3－23　桅杆调垂页面**

F4：点动操作模式下的 $X$ 负方向，即桅杆向左倾斜。

F5：返回钻进工况页面，只有当操作模式是"手动"时才可以返回到钻进工况主页面。

F6：在手动、点动和自动三种操作模式下切换。

手动模式：

屏幕显示"手动"字样。在手动模式时桅杆调整手柄才能生效，其他模式时桅杆调整手柄会失效。

点动模式：

屏幕显示"点动"字样。在点动模式时才可以操作 F1、F2、F3、F4 按钮进行单方向的桅杆调整动作。

自动模式：

屏幕显示"自动"字样。在自动模式时可以使用"自动起桅""自动收桅""自动调垂"三种自动操作功能。

F7：只有按钮 F6 切换到自动模式时，该按钮才起作用。可以在"自动起桅""自动收桅""自动调垂"三种自动操作功能之间切换。

F8：只有按钮 F6 切换到自动模式时，该按钮才起作用。可以启动或停止按钮 F7 中桅杆的三种自动操作。

### 3.2.15 驾驶室防撞功能

在操作页面第二页有"防撞驾驶室功能有效/无效"选项，其默认为无效状态，按 F8 按钮可实现有效与无效之间的切换。

当该功能处于有效状态并且桅杆的倾斜角度在 0°～20°之间时可以实现加压和变幅的切换，在 -20°～90°之间时只允许变幅，操作手必须提起变幅使得变幅后限位有效后才能对桅杆进行正常倒、立桅。如果"防撞驾驶室功能有效/无效"处于无效状态，则在 +5°～90°范围内倒、立桅不受变幅后限位影响。防撞操作页面如图 3 - 24 所示，图 3 - 25 所示。

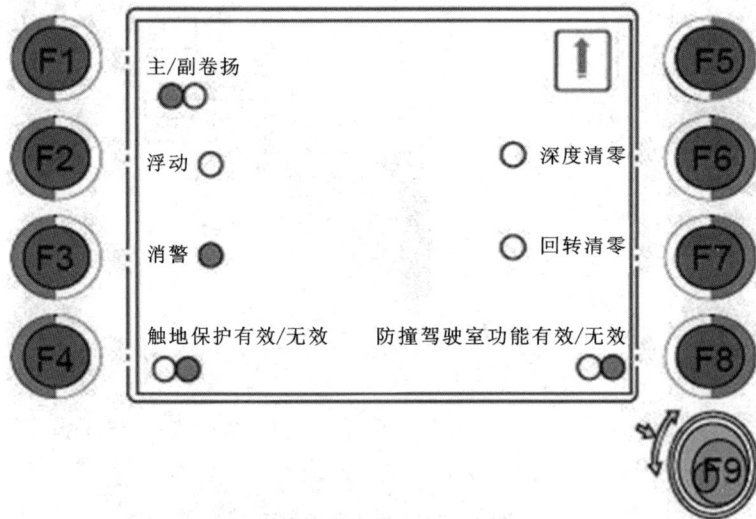

图 3 - 24 防撞操作页面

### 3.2.16 触地保护功能

在主界面中按下"修正"按钮，进入到修正界面第二页。

拉力归零：在吊上钻杆钻杆触地的情况下（即钢丝绳不受力时），按下 F6"拉力归零"键将拉力值归零。

触地拉力设置：可以通过旋钮 F9 设置该值，根据钻杆的重量，一般的计算公式为：

$$触地拉力 = 钻杆的重量 \times \frac{1}{3} + 钢丝绳的重量 \times 3$$

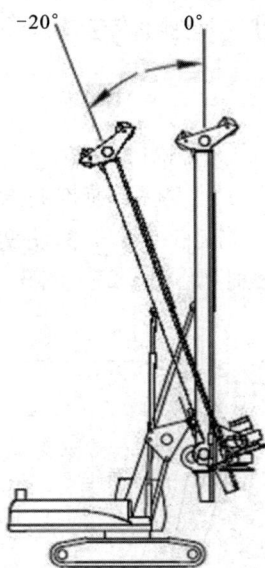

图 3 – 25　驾驶室防撞功能设定

一般设置为 4.5 t。

　　主卷扬拉力补偿：在钻杆离地且处于静态(即钻杆不晃动且主卷拉力显示稳定)时，将钻杆(如安装有钻斗需加上钻斗的重量)的重量与实际显示的重量(主卷拉力)相比较，得出补偿值。公式如下：

$$主卷扬拉力补偿值 = (实际重量/主卷拉力 - 1) \times 1000$$

# 3.3　基本操作

## 3.3.1　上车回转

上车回转包括左回转和右回转，如图 3 – 26 所示。

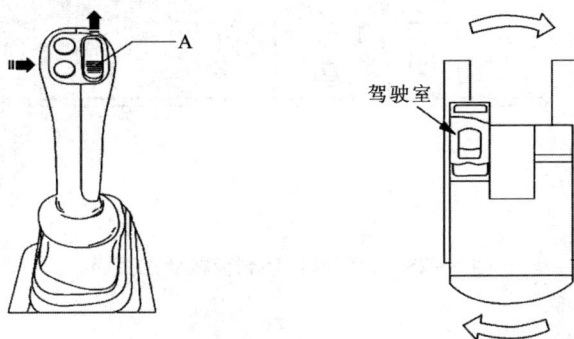

图 3 – 26　上车回转

左回转：上推左操纵手柄的按钮"A"使回转有效，同时左推左操纵手柄使上车向左回转。

右回转：上推左操纵手柄的按钮"A"使回转有效，同时右推左操纵手柄使上车向右回转。

### 3.3.2　变幅起落

按右操纵手柄的按钮"F"进行加压/变幅的切换，或在操作页面将操作屏幕按钮切换至变幅状态，屏幕下方显示"变幅"二字。前变幅：前推右操纵手柄使变幅机构前落，即桅杆平行前移，增大钻孔中心距。后变幅：后拉右操纵手柄使变幅机构后起，即桅杆平行后移，减小钻孔中心距。手柄、显示器切换分别如图3 – 27、图3 – 28所示。

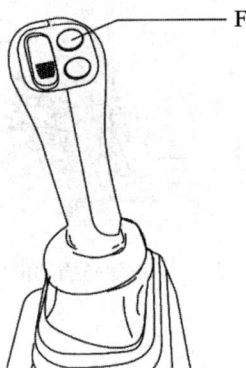

图3 – 27　手柄加压/变幅切换

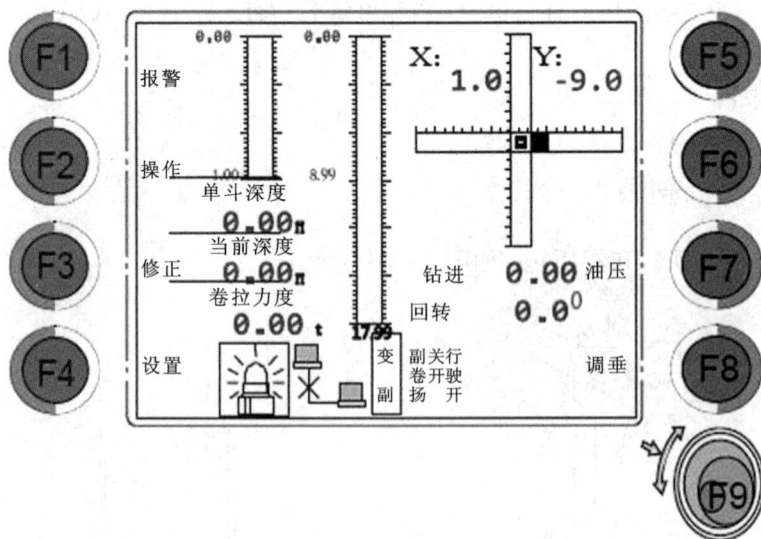

图3 – 28　显示器切换到变幅状态页面

（1）前变幅：前推右操纵手柄使变幅机构前落，即使桅杆平行前移，增大钻孔中心距。如图3-29所示。

（2）后变幅：后拉右操纵手柄使变幅机构后起，即使桅杆平行后移，减小钻孔中心距。如图3-30所示。

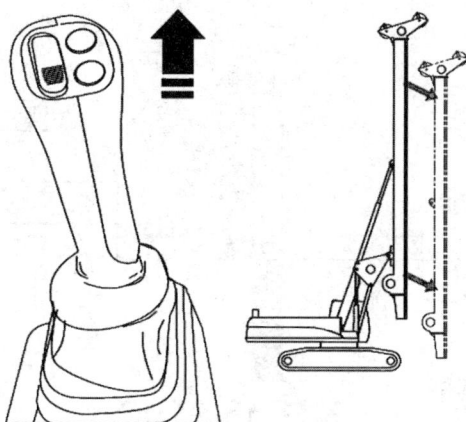

图3-29  前变幅

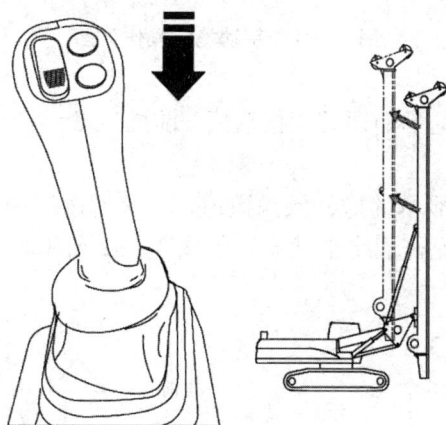

图3-30  后变幅

### 3.3.3  前落桅/后起桅

前落桅是指桅杆从竖直状态到前倾水平状态的过程。

后起桅是指桅杆从前倾水平状态到竖直状态的过程，垂直后桅杆可继续后倾30°。有两种方式可以实现前落桅和后起桅，一种是通过桅杆调垂手柄实现的手动模式，另一种是程序设定的自动模式。

（1）手动模式。

操作显示器，在钻进工况页面下按F8按钮键，进入桅杆调垂页面，屏幕默认显示"手

83

动"字样，此时桅杆调整手柄生效，可手动调整桅杆。如图 3 – 31 所示。

手动起桅：按下桅杆调垂手柄顶端的按钮后，后拉调整手柄，控制桅杆油缸活塞杆收缩，桅杆即作起桅运动。如图 3 – 32 所示。

注意观察十字柱状图及显示的桅杆倾角数值，在起桅过程中保持桅杆不左右倾，直至桅杆成竖直状态，即柱状图的黑色柱图接近于原点，也就是"X""Y"值接近于 0。

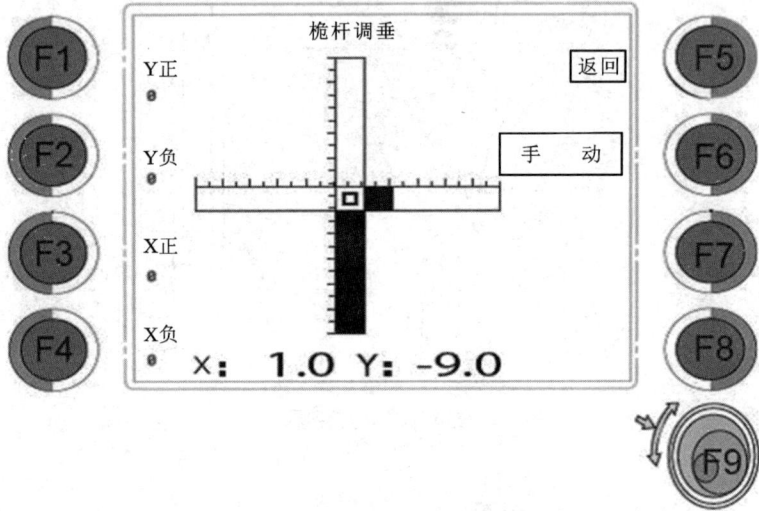

图 3 – 31　手动桅杆操作页面

手动落桅：按下桅杆调垂手柄顶端的按钮后，前推调整手柄，控制桅杆油缸活塞杆伸出，桅杆即作前倾落桅运动。

注意观察十字柱状图及显示的桅杆倾角数值，在落桅过程中保持桅杆不左右倾，直至桅杆油缸活塞杆全部收缩，即桅杆成水平状态。如图 3 – 32 所示。

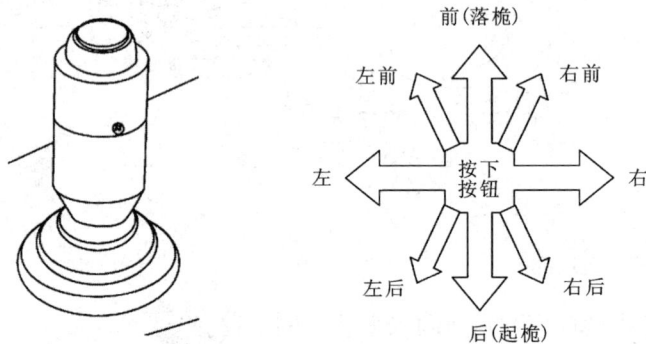

图 3 – 32　桅杆调垂手柄操作

（1）自动模式。

操作显示器，在钻进工况页面下按 F8 按钮键，进入桅杆调垂页面，按 F6 按钮键切换到"自动"模式。

84

起桅：按 F7 切换到"自动起桅"模式，然后按 F8 启动。这时桅杆进入"自动起桅"程序，桅杆从水平状态开始起桅，到达 −5°的时候自动切换到"自动调垂"模式，直至桅杆垂直时停止。在自动起桅过程中可随时按 F8 停止。

落桅：按 F7 切换到"自动落桅"模式，然后按 F8 启动。这时桅杆进入"自动落桅"程序，桅杆从垂直状态开始落桅，到达 −15°的时候程序停止，需手动模式完成至桅杆水平状态。在自动落桅过程中可随时按 F8 停止。

模式转换如图 3−33、图 3−34 所示。

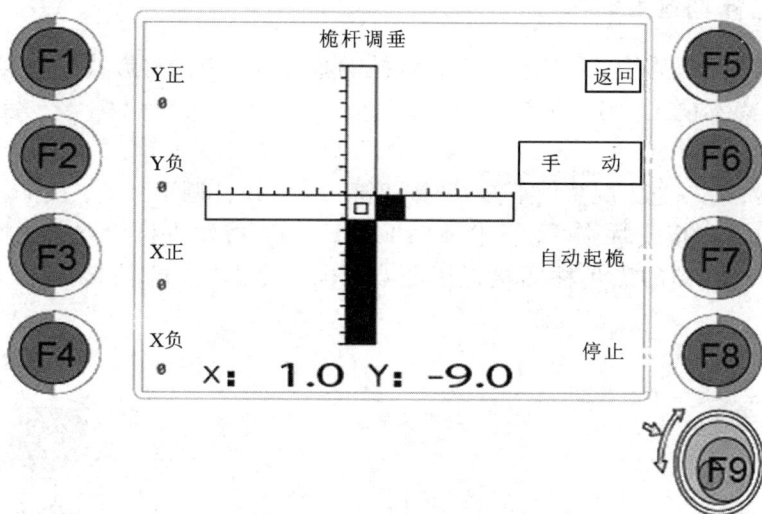

**图 3−33　桅杆自动起桅操作页面**

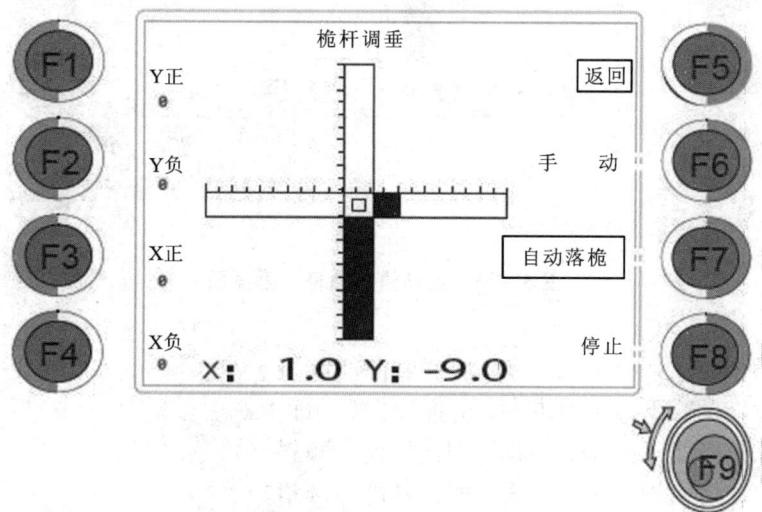

**图 3−34　桅杆自动落桅操作页面**

操作时注意以下几点：

①需将变幅降至最低状态，直到变幅下限位触发后才能进行前落桅动作。

②起桅、落桅操作前要确认机器的最大高度，确保长度空间内无任何障碍物。

③手动模式下应先进行 $X$ 方向的调整，再进行 $Y$ 方向的调整。

④松开桅杆调垂手柄顶端的按钮后桅杆油缸将自动处于锁定状态，此时操纵桅杆调垂手柄，桅杆无动作。

⑤在任何位置松开桅杆调垂手柄，手柄都将自动回到中间位置，此时桅杆停止动作。

### 3.3.4 桅杆垂直度调节

通过调节桅杆的垂直度，可以有效保证成孔的垂直度。有两种方式可以实现桅杆的垂直度调节，一种是点动模式，另一种是自动模式。

（1）点动模式。

操作显示器，在钻进工况页面下按 F8 按钮键，进入桅杆调垂页面，按 F6 按钮键切换到"点动"模式。在点动模式时才可以操作 F1、F2、F3、F4 按钮进行单方向的桅杆调整动作。使桅杆垂直，即柱状图的黑色柱图接近于原点，也就是"$X$""$Y$"值接近于 0。如图 3 - 35 所示。

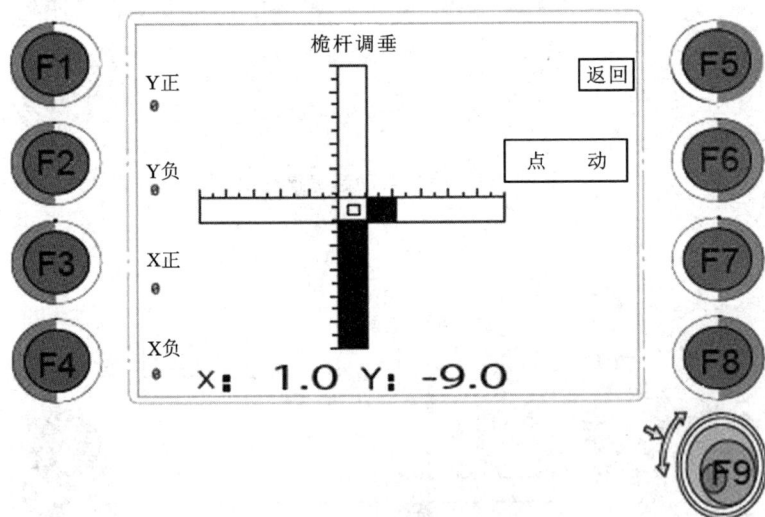

图 3 - 35　点动模式桅杆调垂页面

F1：点动操作模式下的 $Y$ 正方向，即桅杆向前倾斜。

F2：点动操作模式下的 $Y$ 负方向，即桅杆向后倾斜。

F3：点动操作模式下的 $X$ 正方向，即桅杆向右倾斜。

F4：点动操作模式下的 $X$ 负方向，即桅杆向左倾斜。

（2）自动模式。

操作显示器，在钻进工况页面下按 F8 按钮键，进入桅杆调垂页面，按 F6 按钮键切换到"自动"模式。按 F7 切换到"自动调垂"模式，然后按 F8 启动。这时桅杆进入"自动调垂"程序，直至桅杆垂直时再按 F8 停止。在此过程中可随时按 F8 停止。如图 3－36 所示。

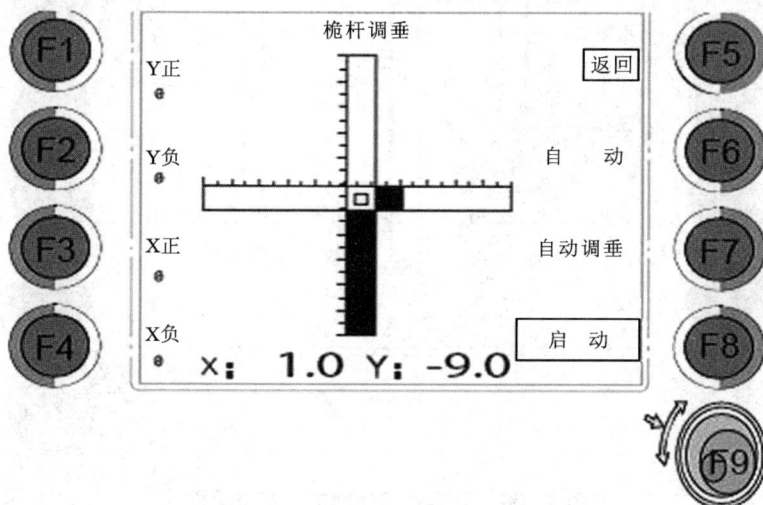

图 3－36 自动模式桅杆调垂

### 3.3.5 加压

按右操纵手柄正面右上方的按钮"F"进行加压/变幅的切换，或在操作页面将操作屏幕按钮切换至加压状态，屏幕下方显示"加压"二字。

（1）加压：前推右操纵手柄，使加压卷扬拉动动力头向下运动，为钻杆提供加压力。

（2）起拔：后拉右操纵手柄，使加压卷扬拉动动力头向上运动，为钻杆提供起拔力。如图 3－37、图 3－38、图 3－39、图 3－40 所示。

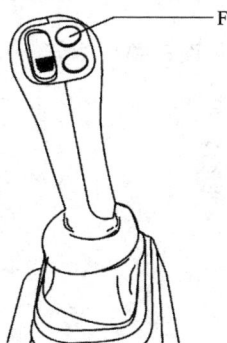

图 3－37 手柄加压/变幅切换

（3）注意事项：在任何位置松开手柄，手柄都将自动回到中间位置，此时加压/起拔停止动作。

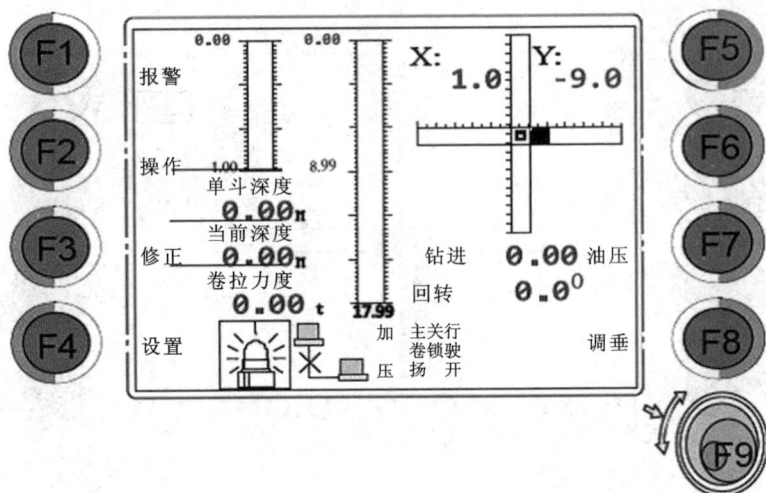

图 3 - 38　显示器切换到加压状态页面

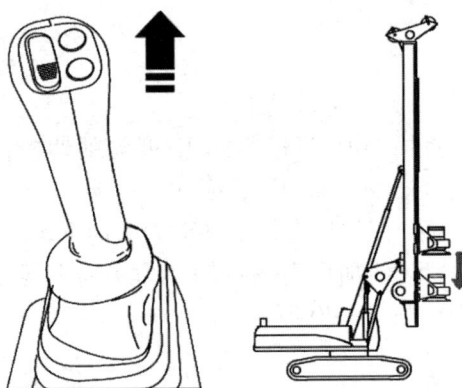

图 3 - 39　加压

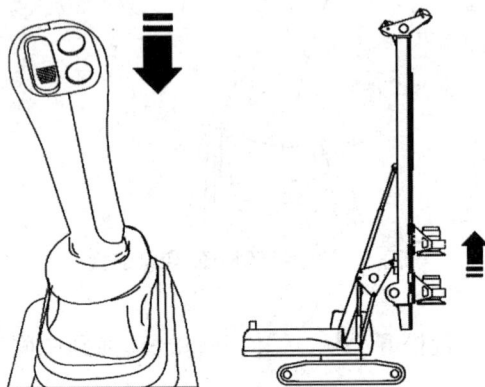

图 3 - 40　起拔

### 3.3.6 主卷扬操作

按左操纵手柄正面左上方的按钮"B"进行主副卷扬切换，或在操作页面中将操作屏幕按钮切换至主/副卷扬状态，屏幕下方显示"主卷扬"三字。相关示意如图 3 - 41、图 3 - 42、图 3 - 43、图 3 - 44 所示。

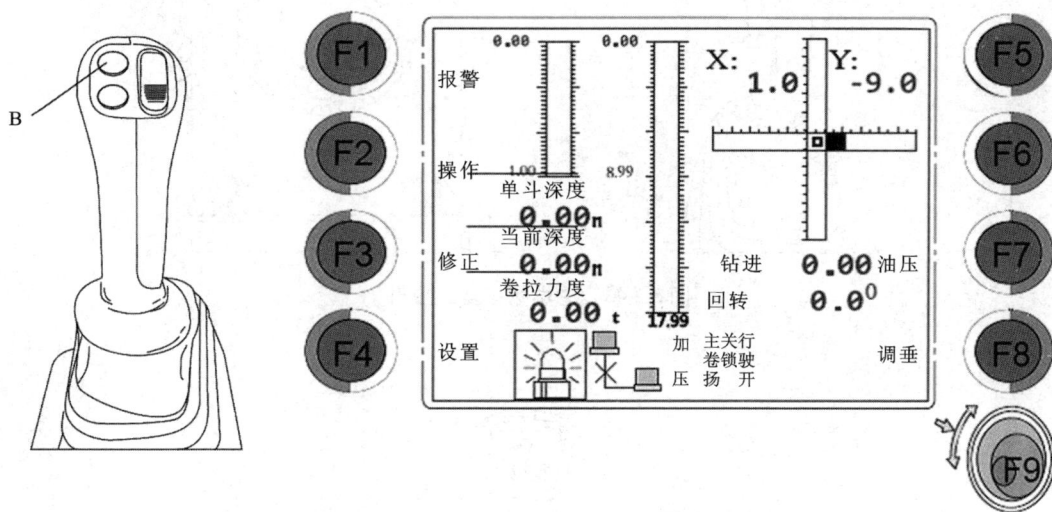

**图 3 - 41  手柄主卷扬/副卷扬切换**

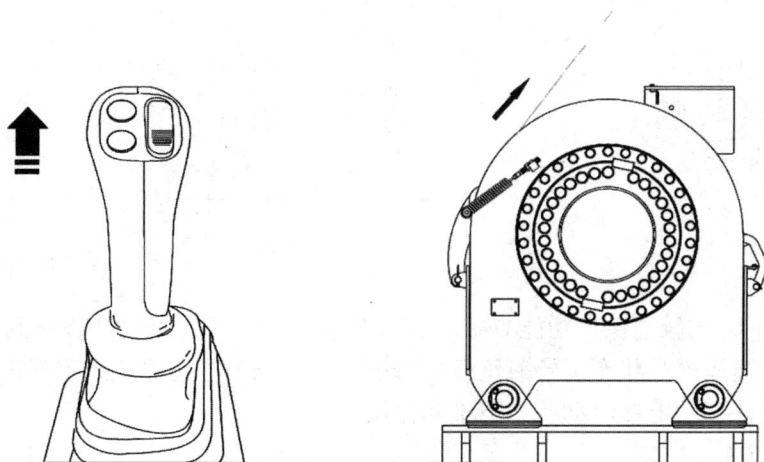

**图 3 - 42  主卷扬钢丝绳下放**

（1）下放：前推左操纵手柄，使主卷扬钢丝绳放出，使钻杆下放。

（2）提升：后拉左操纵手柄，使主卷扬钢丝绳收回，使钻杆提升。

（3）浮动：在钻进工况时，上推右手柄的按钮"E"，主卷扬会随着钻具钻进深度的增加而自动放出钢丝绳，即主卷扬浮动状态。

89

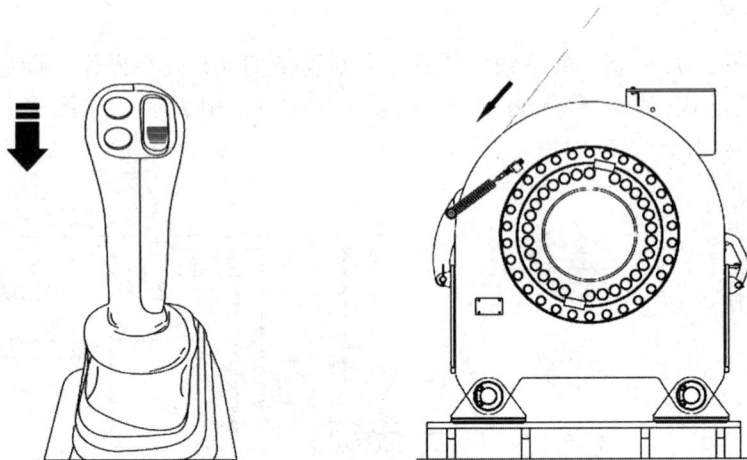

图 3 - 43　主卷扬钢丝绳提升

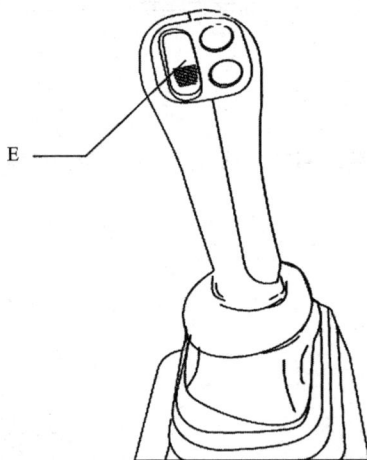

图 3 - 44　主卷扬浮动操作

（4）触地保护：当触地保护功能有效时，操作主卷扬下放，当钻具碰触到地面或者孔底时，主卷扬钢丝绳呈松弛状态，当钢丝绳拉力小于设定值时，应停止主卷扬的下放，防止主卷扬钢丝绳乱绳。该功能在浮动状态下不起作用。

（5）注意事项：

①从卷扬上放出钢丝绳时，为安全起见，必须保证至少有三圈钢丝绳留在卷筒上。

②在任何位置松开手柄，手柄都将自动回到中间位置，此时卷扬停止动作。

③手柄的动作幅度控制着下放和提升的速度，应避免出现剧烈动作。

④主卷扬提升钻杆到一定位置时，随动架会触发主卷扬限位，此时主卷扬将不能继续上提。

⑤主卷扬浮动是在动力头打钻情况下使用的，可使主卷扬随钻杆自由下放。严禁在其他

工况中进行主卷扬浮动操作，否则会使钻杆自由落体或掉落，导致出现机件损坏的严重故障。

### 3.3.7　副卷扬操作

按左操纵手柄正面左上方的按钮"B"进行主副卷扬切换，或在操作页面中将操作屏幕按钮切换至主/副卷扬状态，屏幕下方显示"副卷扬"三字。相关示意图如图 3 – 45、图 3 – 46、图 3 – 47、图 3 – 48 所示。

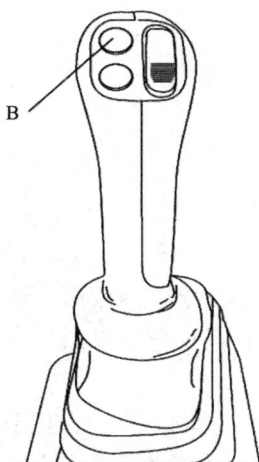

**图 3 – 45　手柄主卷扬/副卷扬切换**

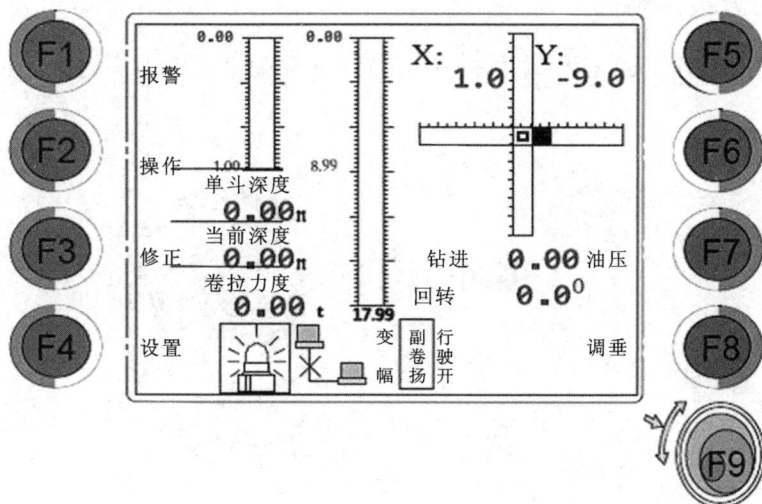

**图 3 – 46　显示器切换到副卷扬操作页面**

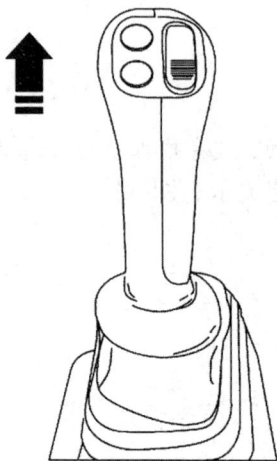

图 3 - 47　副卷扬钢丝绳下放

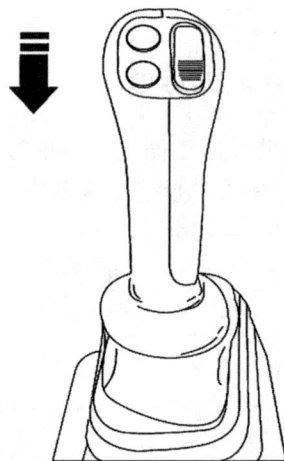

图 3 - 48　副卷扬钢丝绳提升

（1）下放：前推左操纵手柄使副卷扬钢丝绳放出，使负载下放。

（2）提升：后拉左操纵手柄使副卷扬钢丝绳收回，使负载提升。

（3）操作注意事项：

①从卷扬上放出钢丝绳时，为安全起见，必须保证至少有三圈钢丝绳留在卷筒上。

②在任何位置松开手柄，手柄都将自动回到中间位置，此时卷扬停止动作。

③手柄的动作幅度控制着下放和提升速度，当副卷扬提升到一定位置时，副卷扬配重会触发限位，此时副卷扬将不能继续上提，如解除限位继续提升会发生危险。

### 3.3.8　动力头控制

（1）正转：左推右操纵手柄使动力头（A）正转（从驾驶室看动力头为顺时针转动）。如图 3 - 49 所示。

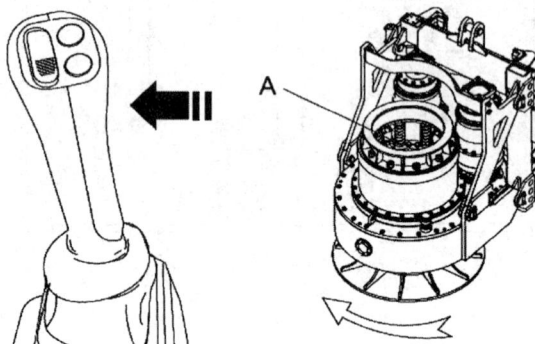

图 3 - 49　动力头正转

（2）反转：右推右操纵手柄使动力头反转（从驾驶室看动力头为逆时针转动）。如图 3 - 50 所示。

（3）低速大扭矩：按下按钮 G，左推右手柄动力头低速大扭矩正转，右推右手柄动力头低速大扭矩反转。如图 3 - 51 所示。

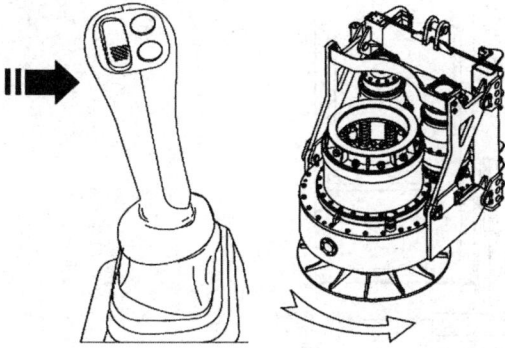

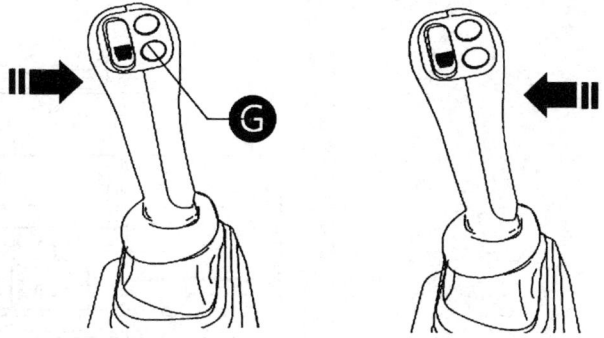

**图 3 - 50　动力头反转**　　　　　　　　　**图 3 - 51　动力头低速大扭矩**

### 3.3.9　测深

孔的深度和当前深度可在显示器上同步显示，深度清零操作有两种方式：下推左操纵手柄的按钮"A"，或在操作页面中按 F6 按钮键。

为了更准确地显示孔的深度，要求每次打孔之前，在钻斗尖部到达地平面时，都要进行深度清零。如图 3 - 52 所示。

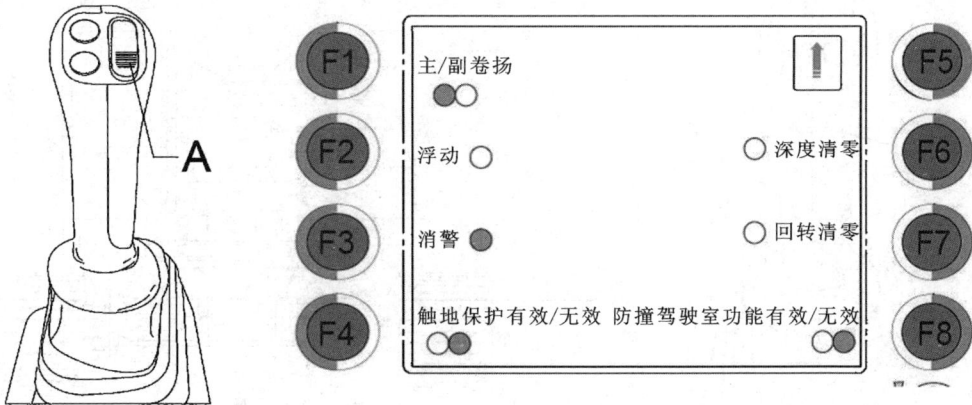

**图 3 - 52　测深深度清零**

### 3.3.10　履带伸缩

（1）操作履带伸缩之前首先要确定 4 个履带固定销轴均已拔出。如图 3 - 53 所示。

（2）按住左操纵手柄的背面按钮"D"，使辅助控制面板开关有效，然后操作辅助控制面板上的履带伸缩开关，向右按控制履带伸展动作，向左按控制履带收缩动作。如图 3 - 54 所示。

（3）伸缩动作完成后，安装 4 个履带固定销轴。如图 3 - 55 所示。

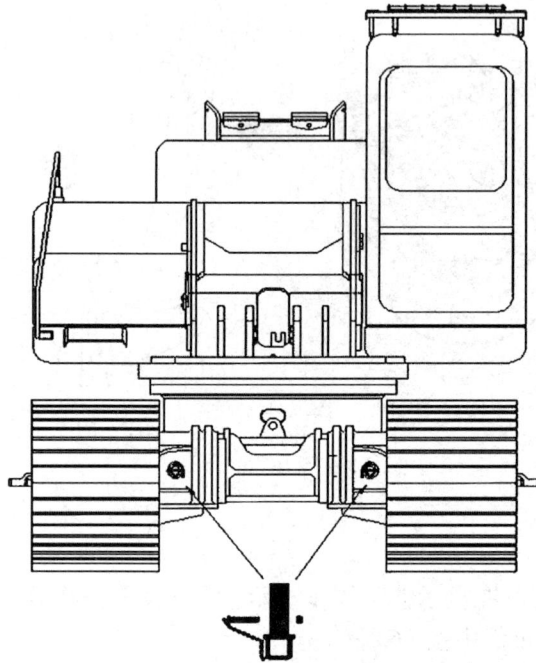

图 3 - 53　履带收缩状态

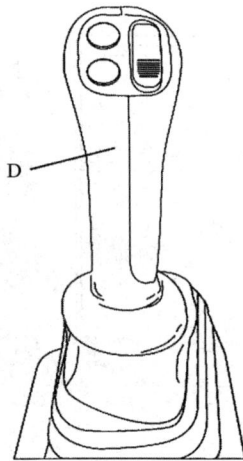

图 3 - 54　履带伸展/收缩操作

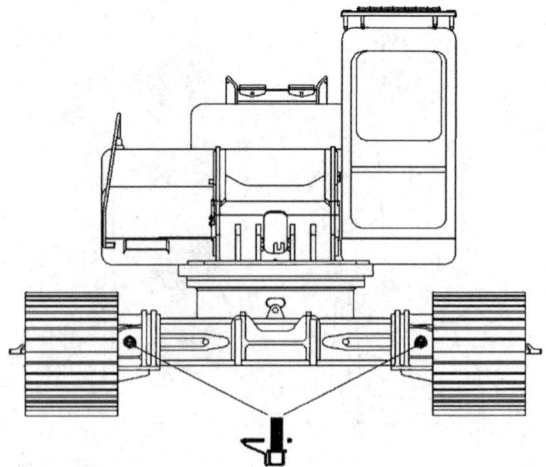

图 3 - 55　履带展宽状态

（4）注意：①如果销子难以拔出/插入，可反复微调行走、履带伸展、履带收缩等动作，以便销轴拔出/插入。②履带展宽可以增加机器的稳定性，机器在进行施工、安装、拆卸等操作前一定要确认履带呈展宽状态。

## 3.4　安装与拆解

### 3.4.1　断开回转锁定连接杆

回转锁定连接杆是运输时用来连接上车体与行走机构的 H 梁,其目的是防止上车体在运输过程转动。回转锁定连接杆位于底盘回转支撑的侧方。如图 3 – 56 所示。

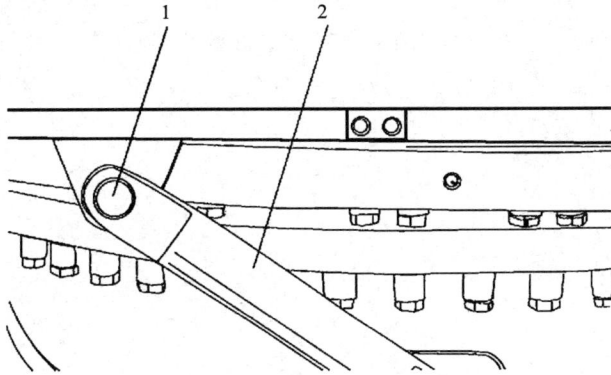

**图 3 – 56　回转锁定连接杆**
1—销轴;2—连接杆

操作步骤如下:

①钻机运输至指定地点后,取下回转锁定连接杆与上车体一端连接的销轴,使连接杆搭在行走机构的 H 梁上,取下的销轴装回连接杆原来的位置。

②操纵上车回转手柄,使上车体相对行走机构的 H 梁顺时针旋转 90°,使上车体的宽度方向与 H 梁的长度方向一致。

注意事项:①如果回转锁定连接杆的销轴拔不出来,可反复点动操作回转手柄,使上车体做轻微左回转或右回转动作,以便取出销轴。②为了避免小零件的丢失,应将销轴、锁销等连接件安装回原位。

### 3.4.2　安装配重

(1)拉起变幅机构,起桅直至桅杆离开配重安装位置正上方,确保配重安装位置的正上方无任何障碍物,以免影响起重机的吊装动作。

(2)拆除桅杆运输支架。

(3)用吊带和 U 形环可靠连接配重吊耳,通过起重机吊起配重,安装在上车的支架上,并在下部由下向上用螺栓可靠紧固。如图 5 – 57 所示。

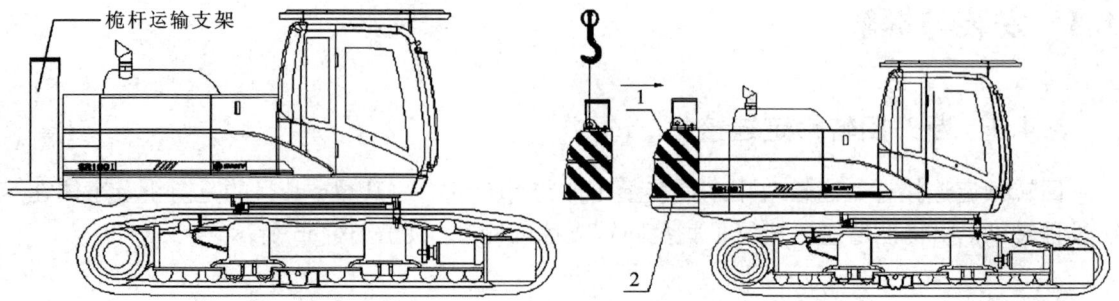

图 3 – 57　安装配重

1—　　2—螺栓

# 第 4 章
# 旋挖钻机保养

## 4.1　润滑点润滑

### 4.1.1　润滑脂

旋挖钻机主要脂润滑点及名称如图 4 - 1 所示，各润滑点用油细则应按表 4 - 1 执行。

表 4 - 1　旋挖钻机脂润滑点速查表

| 序号 | 润滑部位 | 处数/处 | 润滑频率 |
|---|---|---|---|
| 1 | 滑轮架大滑轮轴 | 2 | 16 h 或 1 d 加润滑脂一次 |
| 2 | 滑轮架小滑轮轴 | 2 | 16 h 或 1 d 加润滑脂一次 |
| 3 | 滑轮架与上桅杆相连的连接轴 | 1 | 110 h 或 7 d 加润滑脂一次 |
| 4 | 提引器轴承 | 1 | 16 h 或 1 d 加润滑脂一次 |
| 5 | 随动架回转轴承 | 2 | 110 h 或 7 d 加润滑脂一次 |
| 6 | 上桅杆与中桅杆相连的连接轴 | 2 | 110 h 或 7 d 加润滑脂一次 |
| 7 | 桅杆油缸端部轴承 | 4 | 110 h 或 7 d 加润滑脂一次 |
| 8 | 加压油缸轴承 | 1 | 110 h 或 7 d 加润滑脂一次 |
| 9 | 转盘压块与转盘 | 12 | 110 h 或 7 d 加润滑脂一次 |
| 10 | 转盘与三角架相连的连接轴 | 1 | 110 h 或 7 d 加润滑脂一次 |
| 11 | 中桅杆与下桅杆相连的连接轴 | 2 | 110 h 或 7 d 加润滑脂一次 |
| 12 | 副卷扬筒外侧轴承 | 1 | 110 h 或 7 d 加润滑脂一次 |
| 13 | 主卷扬筒外侧轴承 | 1 | 16 h 或 1 d 加润滑脂一次 |
| 14 | 变幅油缸两端轴承 | 4 | 110 h 或 7 d 加润滑脂一次 |

注：①所有润滑点加脂量均为加满，型号为昆仑通用锂基润滑脂 3#，采用注入方式时油品的使用温度范围是零下 20 ~ 110℃，采用涂抹方式时油品的使用温度范围是零下 30 ~ 110℃。②在零下 40℃工况（如俄罗斯地区）时，可用壳牌爱比达（Albida）SLC460。

润滑图表 LUBRICATING CHART

| 序号 NO. | 润滑部位 LUBRICATING PARTS | 处数 NUMBER | 使用油料 USING OIL |
|---|---|---|---|
| 1 | 吊瑞架铰接座 MASTHEAD JOINTS | 2 | 锂基润滑脂 LITHIUM BASE GREASE |
| 2 | 折叠油缸铰 MAST FOLDING CYLINDER PINS | 2 | |
| 3 | 上桅杆铰接座 UPPER MAST JOINTS | 2 | |
| 4 | 导向滑轮轴 GUIDE PULLEY PINS | 2 | |
| 5 | 动滑轮回转支承 ROTARY SWIVEL BEARINGS | 1 | |
| 6 | 提引器轴承 ROPE SWIVEL BEARINGS | 1 | |
| 7 | 加压油缸铰点 CROWD CYLINDER JOINT | 1 | |
| 8 | 吊瑞架滑轮轴 MASTHEAD PULLEY PINS | 4 | |
| 9 | 动力头箱体油封 ROTARY DRIVE BOX SEAL | 11 | |
| 10 | 十字接头销轴 CROSS JOINT PINS | 8 | |
| 11 | 导轨 GUIDE RAIL | 2 | |
| 12 | 辅绳卷扬轴承 AUXILIARY WINCH BEARING | 1 | |
| 13 | 转盘 MAST PIVOT | 11 | |
| | 转盘销轴 MAST PIVOT PIN | 2 | |
| 14 | 下桅杆铰接座 LOWER MAST JOINTS | 4 | |
| 15 | 上车回转支承 SWING BEARING | 1 | |
| 16 | 主卷扬轴承 MAIN WINCH BEARING | 8 | |
| 17 | 属臂油缸 EXTENDING CYLINDER | 1 | |
| 18 | 回转支承内齿圈 SWING BEARING GEAR RING | 8 | |
| | H架主机滑靴面 H-SHAPE FRAME GLIDE PLANE | 6 | |
| 19 | 动臂销轴 BOOM PINS | 4 | |
| | 支撑臂销轴 SUPPORT ARM PINS | 4 | |
| 20 | 变幅油缸铰点 BOOM CYLINDER JOINTS | 1 | |
| | 主卷扬钢丝绳 MAIN WINCH ROPE | 1 | |
| | 辅卷扬钢丝绳 AUXILIARY WINCH ROPE | 1 | |
| 21 | 发动机油底壳 ENGINE OIL PAN | 1 | 发动机油 ENGINE OIL 35.5 L/个 |
| 22 | 行走减速机 CRAWLER REDUCERS | 2 | 9 L/个 |
| 23 | 主卷扬减速机 MAIN WINCH REDUCERS | 1 | 16.5 L/个 |
| | 回转减速机 SWING REDUCERS | 2 | 7 L/个 |
| 24 | 辅卷扬减速机 AUXILIARY WINCH REDUCER | 1 | 齿轮油 GEAR OIL 5.5 L/个 |
| | 动力头减速箱 ROTARY DRIVE GEARBOX | 1 | 125 L/个 |
| 25 | 动力头减速机 ROTARY DRIVE REDUCERS | 2 | 16.7 L/个 |

13166114

1. 带有数字的虚线表明进行各保养、补充及更换的作业间隔。
The lines with numbers indicate the intervals of the maintenance and replacement.
2. 保养:○  更换:□  maintenance:○  replacement:□  △新机首次例行保养时更换。 The initial maintenance and replacement of the new machine.
3. 润滑油(脂)的品牌及牌号有明确要求,具体请参考本机自带的操作保养手册。The lubricant brands and models have specific requirements. Please refer to Operation and Maintenance Manual for details.

250 h (作业间隔)(INTERVALS)
10 h (作业间隔)(INTERVALS)
1000 h  500 h  250 h  50 h  10 h (作业间隔)(INTERVALS)
50 h  10 h
250 h

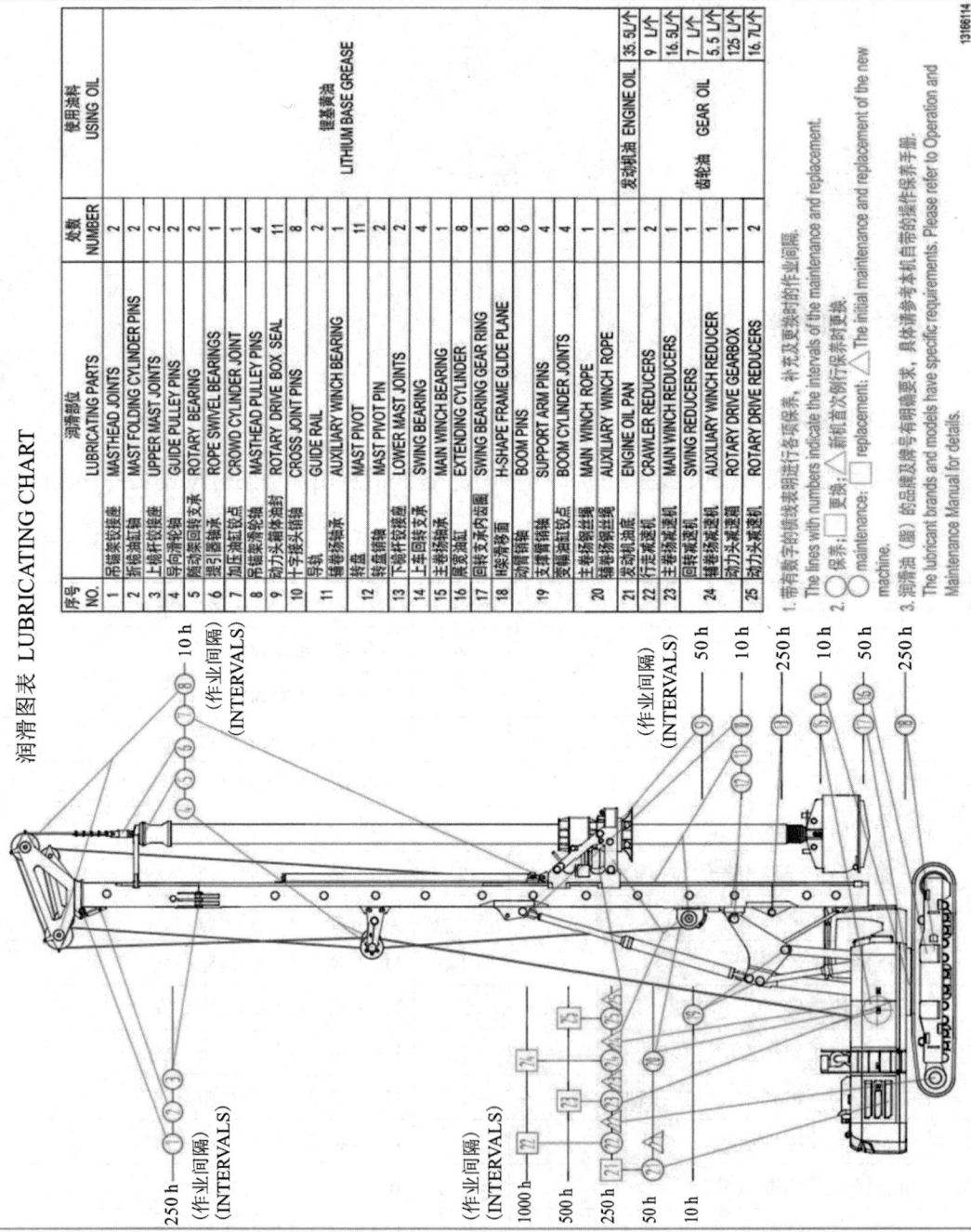

图4-1 旋挖钻机润滑点示意图

98

## 4.1.2　润滑油

旋挖钻机润滑油加注部位如图 4 − 2 所示。以 SR150 主机为例，用油细则应按表 4 − 2 执行。

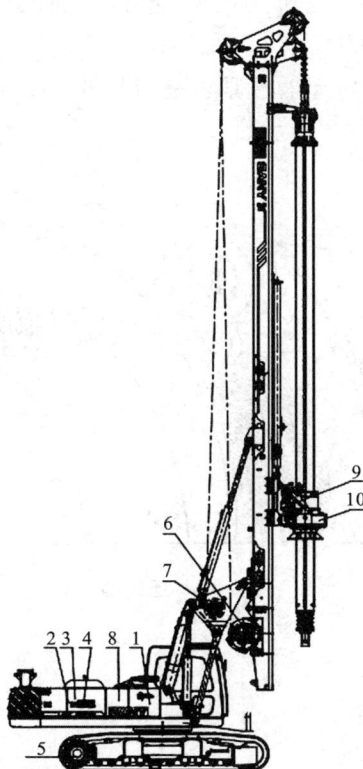

图 4 − 2　旋挖钻机润滑油加注部位示意图

表 4 − 2　旋挖钻机润滑油速查表

| 图示序号 | 润滑部件 | 加油量 | 油品型号 | 产品名称 |
|---|---|---|---|---|
| 5 | 行走减速机 | 2 × 5 L | API GL − 4 SAE 80W/90 | 壳牌施倍力(Spirax)G 80W − 90 |
| 6 | 主卷扬减速机 | 7.5 L | API GL − 4 SAE 80W/90 | 壳牌施倍力(Spirax)G 80W − 90 |
| 7 | 辅卷扬减速机 | 1.5 L | API GL − 4 SAE 80W/90 | 壳牌施倍力(Spirax)G 80W − 90 |
| 9 | 动力头减速机 | 2 × 5 L | API GL − 4 SAE 80W/90 | 壳牌施倍力(Spirax)G 80W − 90 |
| 10 | 动力头箱体 | 30 L | API GL − 4 SAE 80W/90 | 壳牌施倍力(Spirax)G 80W − 90 |
| 11 | 回转减速机 | 3.4 L | API GL − 4 SAE 80W/90 | 壳牌施倍力(Spirax)G 80W − 90 |

## 4.2 卷扬压绳器的检查

(1)每周检查主、辅卷扬压绳器的转动、润滑情况。如润滑不充分,应及时涂抹润滑脂。

(2)若涂抹润滑脂后转动仍不灵活,应及时修理压绳器,必要时需更换压绳器,防止压绳器不能转动,对钢丝绳造成损坏。

(3)每次工作前后均应检查压绳器压紧力是否足够,压绳器转动是否灵活,弹簧有无损坏,必要时需更换弹簧。如图4-3所示。

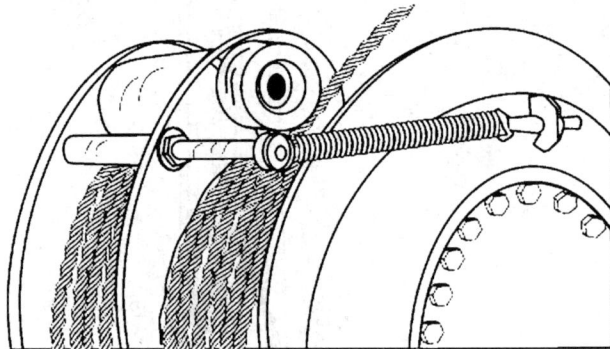

图4-3 压绳器

## 4.3 检查液压油缸动作

油缸检查应按表4-3执行。旋挖钻机油缸示意图如图4-4所示。

表4-3 油缸检查表

| 油缸名称 | 数量 | 功能 | 检查方法 |
|---|---|---|---|
| 履带展宽油缸 | 4 | 位于底盘下车H架内,用于支撑两端履带架展和收回 | 当进行履带展开/收回操作时,4根油缸应同时缓慢动作。同侧2根油缸动作必须同步 |
| 变幅油缸 | 2 | 用于支撑变幅装置中的平行四边形,依靠变幅油缸的伸缩实现变幅机构的上升和下降 | 当进行变幅机构下降/上升操作时,2根变幅油缸应同时缓慢缩短/伸长。2根油缸必须同步 |
| 桅杆油缸 | 2 | 用于支撑桅杆装置,使其前倾或后倾,也可调整桅杆的左右倾角 | 当进行桅杆前倾/后倾操作时,2根桅杆油缸应同时缓慢地伸长/缩短。当按下桅杆调平按钮时,桅杆应相应前后左右动作。前后倾时2根油缸必须同步 |
| 加压油缸慢下降 | 1 | 用于动力头的上升/下降,以及钻进时对动力头的加压 | 当进行动力头上升/下降操作时,加压油缸相应缩短/伸长,动力头上升/下降。当按下加压按钮时,动力头应缓慢下降 |

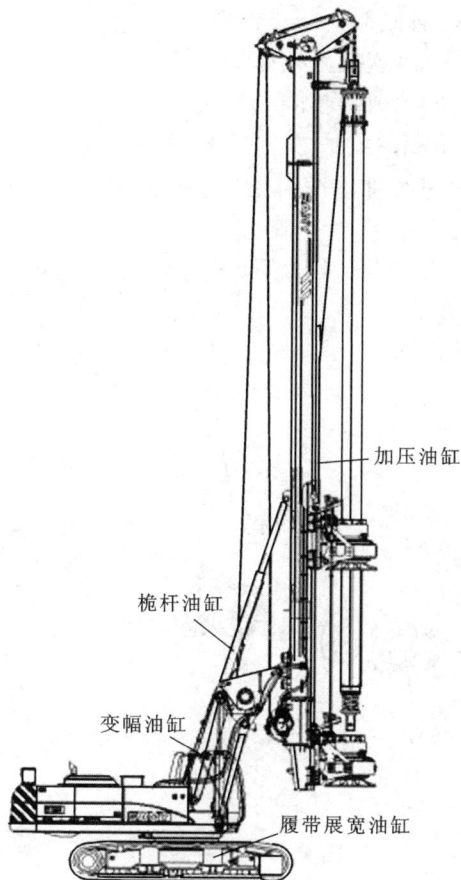

图 4 - 4　旋挖钻机油缸示意图

## 4.4　提引器轴承的更换

提引器的损坏主要集中在油封和轴承的损坏上。提引器结构如图 4 - 5 所示。提到器轴承的更换方法如下：

①用内六角扳手拆除上接体与下接体之间紧固连接的螺钉(3)。

②逆时针转动上接体(2)，使其从提引器上脱离。

③检查 O 型圈(7)是否损坏，如损坏请更换 O 形圈。

④用内六角扳手拆除下接体(13)与螺母(8)之间的螺钉(3)。

⑤顺时针拧松螺母(8)，使其脱离下接体(13)。

⑥将提引器下接体(13)固定好，中接体(9)。

⑦检查下接体与中接体安装处的油封(11)是否完好，如有损坏请更换。

⑧取出中接体内部安装的轴承(10)。

⑨更换新的轴承，注意安装顺序及方向。

⑩将更换好轴承的中接体重新串入下接体(13)。

⑪拧紧螺母(8)，并拧入销钉(3)，防止松动。

⑫装上上接体，并用销钉(3)连接上接体与中接体。

⑬用开口扳手拧下螺塞(6)，取出垫圈(5)。

⑭拧下螺栓(15)并取出垫圈(14)。

⑮用黄油枪通过油杯(4)进行加注润滑脂。直到提引器内部脏旧的润滑脂从螺塞(15)所对应的孔处流尽。

⑯依次将序号(1)、(4)、(15)、(14)、(6)、(5)安装在原先位置。

⑰检查提引器转动情况。

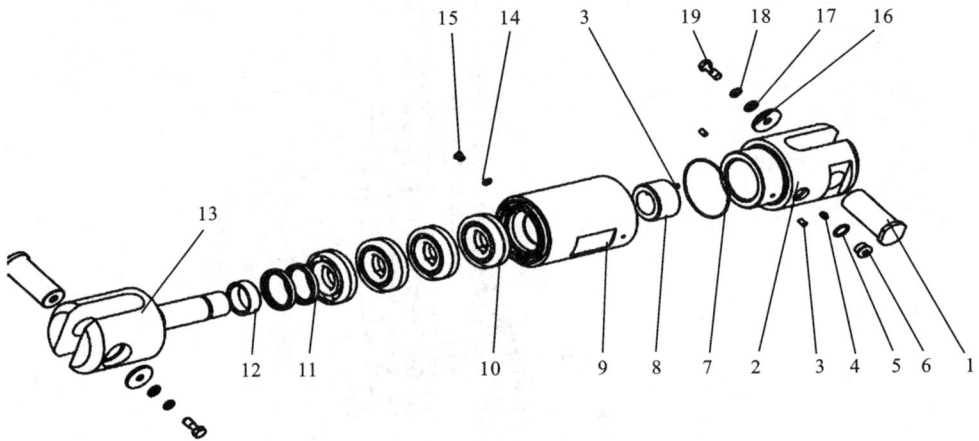

图 4 – 5　提引器结构

1—销轴；2—上接体；3—螺钉；4—油杯；5—垫圈；6—螺塞；7—O 形圈；
8—螺母；9—中接体；10—轴承；11—油封；12—耐磨套；13—下接体；
14—垫圈；15—螺塞；16—销轴挡板；17—垫圈；18—弹垫；19—螺钉

# 4.5　更换随动架尼龙板

随动架结构如图 4 – 6 所示。随动架尼龙板的更换方法如下：

①用开口扳手将螺母(1)逆向扭动，使其松动大约一圈。

②取下螺母(1)及垫圈(2)，并妥善放置。

③取下固定尼龙板所需的螺钉(3)。

④清洗随动架上固定尼龙板的孔及接触面，并用抹布擦净。

⑤更换新的尼龙板。

⑥用螺母(1)、垫圈(2)、螺钉(3)将新尼龙板固定。

⑦依次重复上述步骤更换其余五块随动架尼龙板(4)。

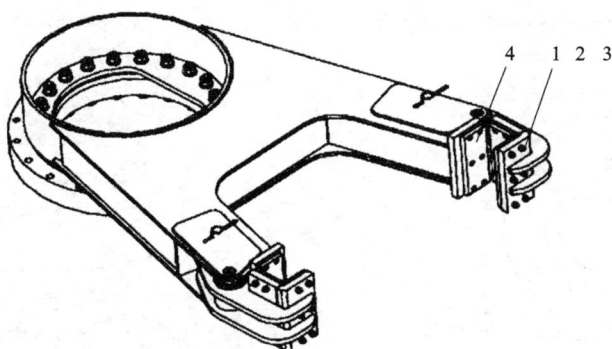

**图 4 - 6　随动架结构**
1—螺母；2—垫圈；3—螺钉；4—随动架尼龙板

## 4.6　桅杆的润滑和检查

（1）桅杆各连接处的润滑见图 4 - 1

（2）每次工作前均需检查桅杆滑轨的润滑情况，如润滑不足则应增涂适量润滑脂，必要时需清理滑轨上旧的润滑脂，清理干净后涂抹新的润滑脂。桅杆轨道上恰当的润滑可有效增加桅杆及动力头、随动架滑板的使用寿命。

（3）长期存放钻机前需用润滑脂润滑整个滑轨表面。

（4）每次工作后需及时清理滑轨上的泥沙等杂物，清理完毕后涂抹新的润滑脂。

（5）每次施工前后均需检查桅杆各连接螺栓有无松动，将松动的螺栓及时拧紧。

（6）桅杆为旋挖钻机受力结构件，随时注意其有无因受力不当而产生的扭曲、变形、裂纹等缺陷。

## 4.7　变速箱齿轮油位的检查

（1）将动力头置于直立位置。

（2）当动力头静止时检查油位。

（3）油面必须达到玻璃油窗 2/3 的高度。如图 4 - 7 所示。

（4）油位过低时，须拧开动力头减速箱上方加油口的螺塞加注齿轮油至正确油位，反之，油位过高时，须将多余的润滑油排出。如图 4 - 8 所示。

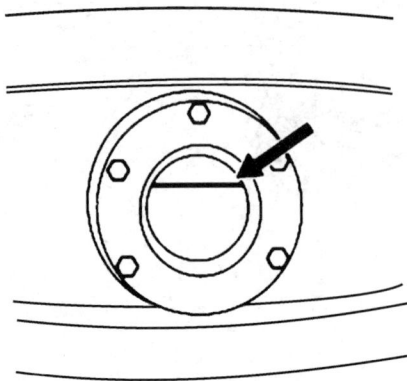

图 4 – 7　动力箱油位视窗

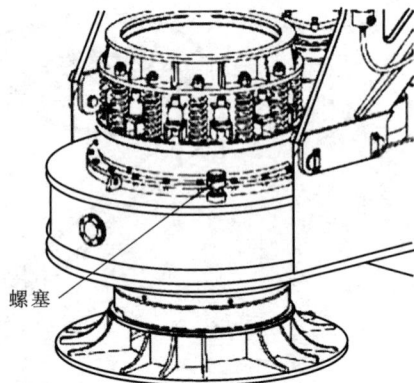

螺塞

图 4 – 8　变速箱油位检查

## 4.8　动力头减振装置的检查

每天都要对动力头减振装置和键条进行检查，及时了解机器的磨损情况，并对相关部件进行更换。

### 4.8.1　减振弹簧的检查与更换

减振弹簧的检查与更换方法如下：
①用开口扳手将螺母(1)逆向扭动，使其松动大约一圈。
②依次将所有螺母及垫圈(2)拆下，并妥善放置，以防丢失。如图 4 – 9(a)所示。
③拆除缓冲压板(3)。如图 4 – 9(b)所示。

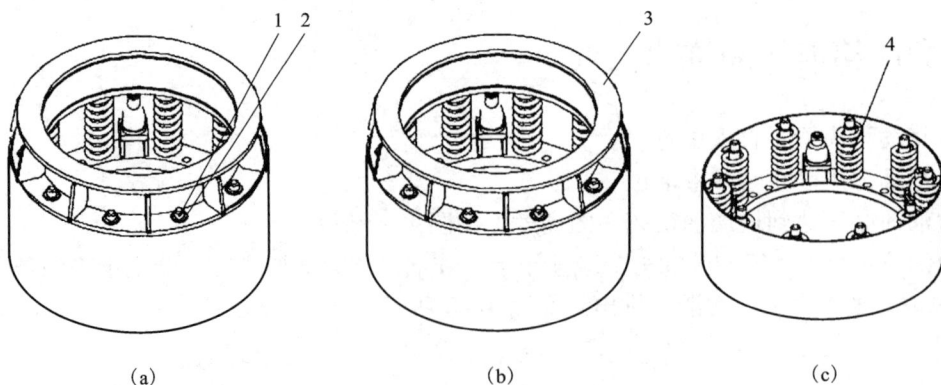

(a)　　　　　　　　　　　(b)　　　　　　　　　　　(c)

图 4 – 9　更换减振弹簧图

1—螺母；2—垫圈；3—缓冲压板；4—弹簧

④依次对拆下的弹簧(4)进行检查,对出现断裂、开裂及变形(包括外形变形和长度尺寸的缩短)的弹簧必须进行更换,再按图示要求装好各弹簧。如图4-9(c)所示。

⑤安装拆下来的缓冲压板(3)并焊合。

⑥安装垫圈(2)及螺母(1),并用扭力扳手拧紧。

### 4.8.2　更换橡胶球

橡胶球的更换方法如下:

①用开口扳手将六角薄螺母(1)及螺母(2)逆向扭动,使其松动大约一圈。如图4-10(a)所示。

②依次将所有橡胶球下的六角薄螺母(1)及螺母(2)逆向拧松,并拆卸下来统一放置。

③此时可以上下移动压杆(3),将压杆上推至最高点。如图4-10(b)所示。

④将座(4)、橡胶球(5)、座圈(6)连同压杆(3)一起从筒体上取出,并抽出压杆(3)。如图4-10(c)所示。

⑤更换橡胶球(5)。

⑥用压杆(3)将座(4)、橡胶球(5)、座圈(6)串在一起,并安置在缓冲装置筒体的相应位置上。

⑦依次正向拧上螺母(2),并用扭力扳手拧紧。

⑧依次正向拧上六角薄螺母(1),并用扭力扳手拧紧。

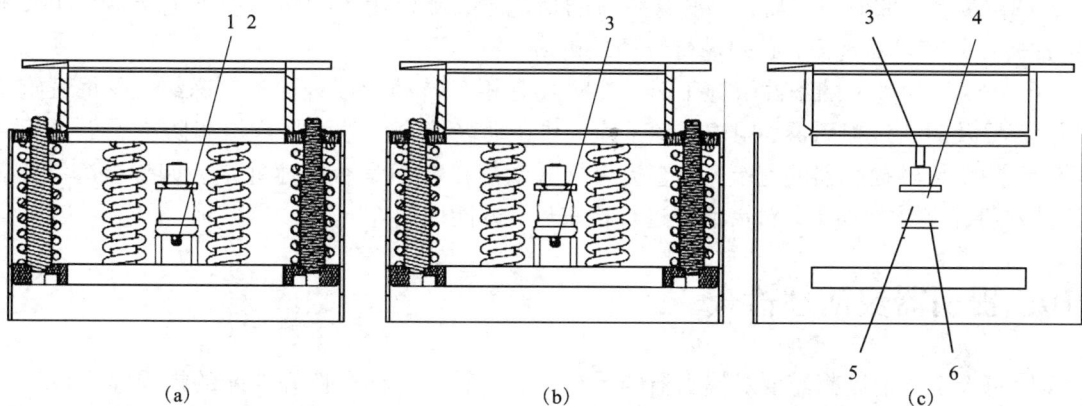

图4-10　更换橡胶球图

1—六角薄螺母;2—螺母;3—压杆;4—座;5—橡胶球;6—座圈

## 4.9　提引器的润滑

(1)倒平桅杆。转动主卷扬,使和提引器相连端的钢丝绳松至可以自由转动提引器的程度,在转动过程中要保持钢丝绳的松紧恰当,以免主卷扬乱绳。

(2)拧开上接体上的注油螺栓,同时把下接体的润滑嘴拧开,从上接体的黄油嘴注入黄油,直至有黄油从下接体的润滑嘴中挤出。

（3）每周加润滑脂一次。夏季采用 2 号锂基润滑脂，冬季采用 1 号锂基润滑脂。在每次加润滑脂时，都要检查防松螺钉（2）。如果防松螺钉（2）变松，要及时拧紧。防松螺钉共两处。如图 4 – 11 所示。

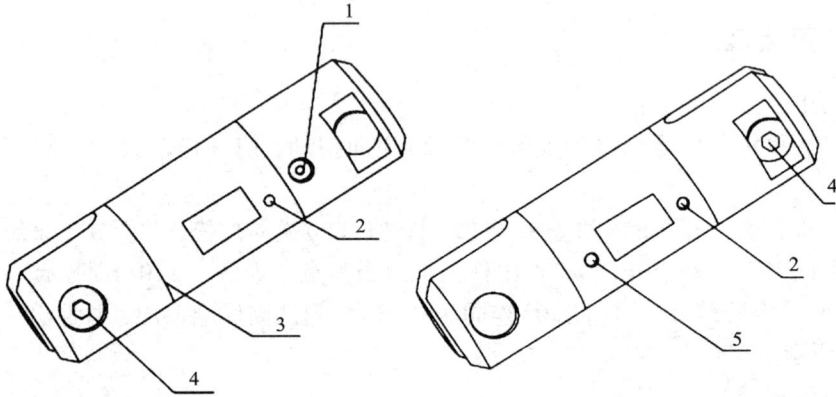

**图 4 – 11　提引器润滑**

1—注油螺栓（加注口）；2—防松螺钉；3—动静接合面；4—防松螺栓；5—减压接口（润滑嘴）

（4）在每次加润滑脂时，都要检查与提引器连接的上、下销轴。如果防松螺栓（4）变松，要及时拧紧。

（5）在每次加完润滑脂后，在没有载荷的情况下，都要用手旋转提引器的上端，如果不能正常回转或有阻滞现象，必须进行修理或更换。

（6）在气温为零下的条件下施工时，为防止有相对转动的接合面被冰冻结，在每班施工完后，都要及时清洗提引器，用棉布擦干净，并在动静接合面处涂抹润滑脂防冻。下一班开工前，要用手旋转提引器的上端，检查提引器的动静接合面是否被冰冻结。如果被冻结，必须用热水将冰融化并擦干，对灵活性进行检查后，方能使用。

# 4.10　提引器灵活性检查

（1）每天工作前后都需要对提引器的灵活性进行检查，具有良好性能的提引器可以轻松用手转动。

（2）倒平桅杆。倒平桅杆时须注意动力头和钻杆在桅杆上的位置，避免因为重心靠后造成起桅困难，或者因后倾导致钻杆向后滑出动力头。

（3）转动主卷扬，使和提引器相连端的钢丝绳松至可以自由转动提引器的程度，在转动的过程中要保持钢丝绳松紧恰当，以免主卷扬乱绳。

（4）固定任一端，转动另一端，若可以自由转动，说明性能良好。如果提引器注入黄油后仍不能正常转动，则必须予以修理或更换。

（5）钻机进行钻孔工作时，当提引器从钻孔里提出时，提引器通常会高速旋转，这时要注意观察，若此时提引器没有转动，则需停机检查。

## 4.11　钢丝绳的检查

（1）钢丝绳是旋挖钻机的关键零件之一，同时也是易损件。正确地选择，合理地使用，并按要求进行维护、保养，可提高钢丝绳的使用寿命，避免事故的发生。

（2）定期检验周期应考虑以下各点：国家的法规要求，设备的类型和工作环境，设备的工作级别，前几次检验的结果及出现缺陷的情况，钢丝绳已经使用的时间。

（3）特别注意下列部位：钢丝绳运动和固定的始末端部位，绕过滑轮的绳段，由于外部因素可能引起磨损的绳段。

（4）每个工作日都要经常对钢丝绳全长的任何可见部位进行观察，以便发现损坏与变形的情况，当检查发现有断丝、磨损、腐蚀和变形等缺陷时，应按《起重机械用钢丝绳检验和报废实用规范》（GB/T 5972—2006）的规定判定是否报废。

（5）应对从固接端引出的那段钢丝绳进行检验，并对固定装置本身的变形或磨损进行检验，应检验其内部和绳端内的断丝及腐蚀情况，并确保楔形接头和钢丝绳夹的紧固性（可拆卸的装置有楔形接头、绳夹、压板等）。

（6）检验绳端装置是否符合相应标准的要求，接头的其余部位应随时用肉眼检查其断丝情况，如果断丝明显发生在绳端装置附近或绳端装置内，可将钢丝绳截短再重新装到绳端固定装置上使用，但钢丝绳的长度必须满足在卷筒上缠绕的最少圈数的要求，通常安全圈数为1.5～2圈，一般取3圈。

## 4.12　限位开关的检查

当限位开关被触碰时，相关动作必须立即自动停止。对限位开关的检查应按表4－4执行。

表4－4　限位开关检查

| 名称 | 功能 | 检查方法 |
|------|------|----------|
| 桅杆左限位 | 桅杆左侧垂直度限位 | 启动机器，慢慢向左倾斜桅杆至4°左右，此时会触碰到限位开关，左倾动作立刻停止 |
| 桅杆右限位 | 桅杆右侧垂直度限位 | 启动机器，慢慢向右倾斜桅杆至5°左右，此时会触碰到限位开关，右倾动作立刻停止 |
| 变幅后限位 | 动臂提升后限位 | 按下变幅后限位开关，此时动臂油缸应不能伸出 |
| 主卷扬限位 | 随动架碰到限位器时停止主卷扬提升动作 | 上提钻杆至随动架触碰主卷扬限位开关，主卷扬限位，主卷扬无法继续提升 |
| 副卷扬限位 | 负载碰到限位器时停止副卷扬提升动作 | 限位配重顶回，限位开关回位，则副卷扬无法提升 |

限位开关位置如图 4 – 12 所示。

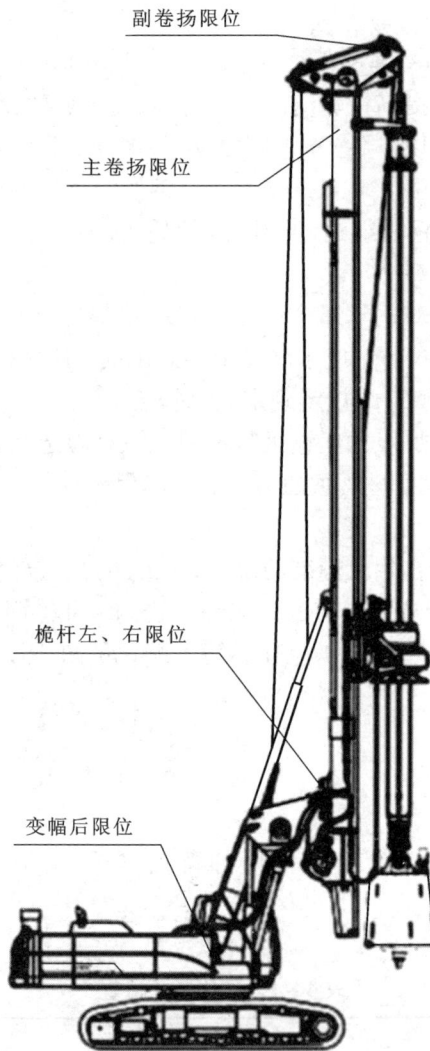

图 4 – 12　限位开关位置

## 4.13　钢丝绳的维护

（1）工作后钢丝绳上的泥浆要及时进行清洁，防止腐蚀。钢丝绳在使用过程中必须经常润滑，特别是钢丝绳弯曲的部位。

（2）在腐蚀性较强的环境中使用钢丝绳时，要相应缩短钢丝绳润滑的周期。涂抹的钢丝绳油脂品种应与钢丝绳厂家推荐使用的相符合。

（3）选择润滑剂的时候，必须保证其与钢丝绳生产商推荐的润滑剂一致。重新润滑有几种方法，目前最常见的是刷涂和使用加油枪。只有使用加油枪进行高压润滑，才能使润滑剂最大化地渗透进钢丝绳的间隙中。

（4）对于在具有较强腐蚀性或化学物质环境下使用的钢丝绳，尤其应该进行定期清洗。

（5）如果在检查中发现了断丝，而这种断丝可能会在穿过滑轮时损坏邻近的钢丝，那么必须切除这些断丝。去除断丝的最好方法是前后弯曲钢丝，直至它们在两股的间隙中深度断裂。

## 4.14 判断钢丝绳的问题时遵循的原则

（1）断丝聚集在小于 $6d$ 的绳长范围内；使用一段时期后出现断丝，而且逐渐增加；出现整根绳股断裂；外层钢丝磨损达到其直径的 40%，钢丝绳直径减少 7% 或更多。如图 4 - 13 所示。

（2）钢丝绳出现各种可见变形，弹性减小，外部钢丝绳腐蚀出现深坑。如图 4 - 14 所示。

（3）绳芯损坏引起绳径减小。如图 4 - 15 所示。

（4）由于内部腐蚀，钢丝绳出现断丝、股间空隙减少、绳径增加等现象。

图 4 - 13　钢丝绳断丝　　　图 4 - 14　钢丝绳变形　　　图 4 - 15　钢丝绳绳径减小

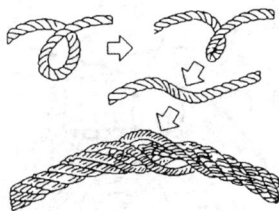

## 4.15 滑轮检查

每年检查一次滑轮轴承，检查情况包括：润滑脂情况，轴端密封件，弹性挡圈，运行噪声，滚动阻力，轴承间隙。检查项目见表 4 - 5。检查内容见图 4 - 16、图 4 - 17。工作时随时关注主辅卷扬滑轮的转动灵活性，如发现滑轮有卡滞现象或左右摆动等情况，需立即停止工作，将桅杆倒平，查清故障原因并及时排除。

表 4 - 5　滑轮检查表

| 滑轮名称 | 数量 | 维护检查 |
| --- | --- | --- |
| 大滑轮总成 | 1 | 转动应灵活，定期检查滑轮绳槽有无明显磨损变化 |
| 测深大滑轮总成 | 1 | 转动应灵活，定期检查滑轮绳槽有无明显磨损变化。测深大滑轮总成与大滑轮总成应在同一平面内 |
| 小滑轮总成 | 2 | 转动应灵活，定期检查滑轮绳槽有无明显磨损变化。2 个小滑轮总成应在同一平面上 |

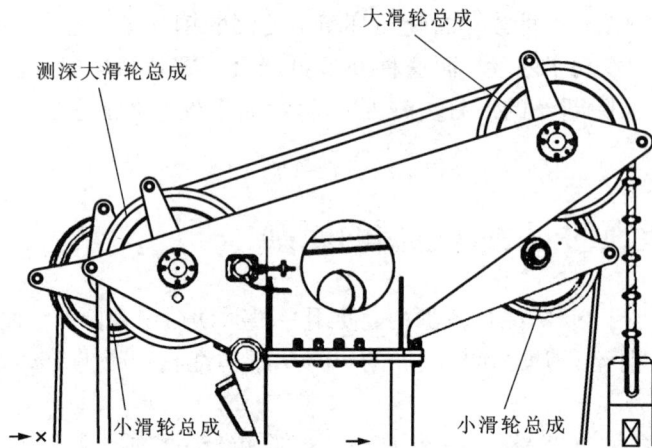

图 4 - 16　滑轮示意图

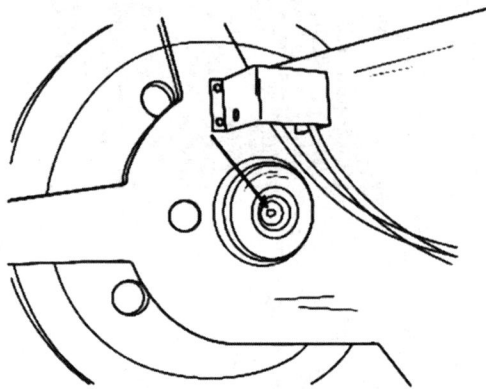

图 4 - 17　滑轮润滑点

## 4.16　动力头滑板检查与更换

### 4.16.1　更换滑板原则

动力头滑板结构如图 4 - 18 所示。

滑板有以下任何一种情况都必须更换：

①滑板出现开裂或变形。

②滑板磨损面距固定螺钉的距离不足 2 mm。

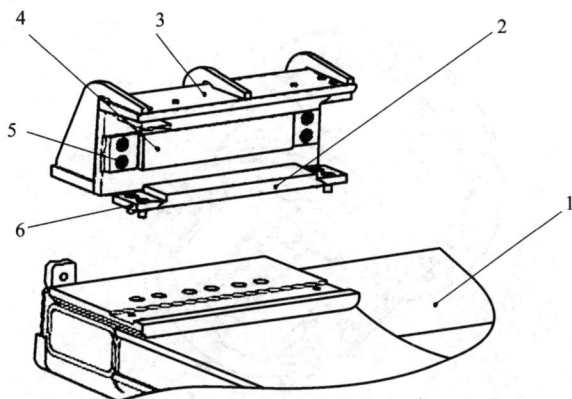

图 4 - 18  动力头滑板结构

1—滑架焊合；2—短滑板；3—滑架压板；
4—长滑板；5—内六角螺钉；6—滑块压板

### 4.16.2  更换短滑板

(1)将内六角螺钉(5)扭松拆下，放置在规定位置。

(2)将滑块压板(6)从短尼龙板上取下。

(3)更换新的短尼龙板。

(4)依次再用滑块压板(6)压住尼龙板，并用内六角螺钉(5)拧紧，固定在滑架主体相应位置上。

### 4.16.3  更换长滑板

(1)将螺钉(5)拧下，并放置在一起。

(2)更换新的长滑板(4)。

(3)用内六角螺钉(5)将新长滑板固定在滑架压板(3)上。

## 4.17  动力头键条的检查和更换

若发现键条磨损严重，可以将驱动键旋转 180°后重新安装，或者更换新的驱动键。如图 4 - 19 所示，如果发现磨损，内六角螺栓(2)和垫圈(3)也要一起更换。更换方法如下：

①拧下内六角螺栓(2)。

②取出需要更换的键条(4)。

③将孔内的垫圈(3)全部取出。

④更换新的键条(4)。

⑤依次用垫圈(3)和内六角螺栓(2)将键条固定在键(1)套体上。

111

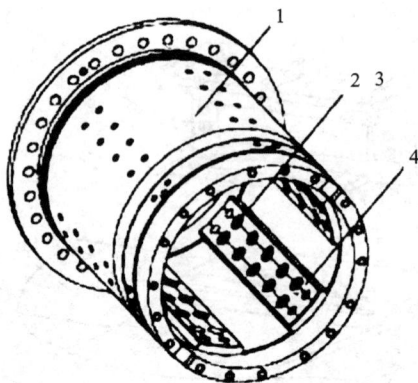

**图 4 – 19　更换动力头键条**

1—键；2—内六角螺栓；3—垫圈；4—键条

## 4.18　随动架回转支承的更换

（1）把钻杆从钻机卸下。把随动架从钻杆上拆离，使用起重装置把随动架放至如图 4 – 20 所示的位置。

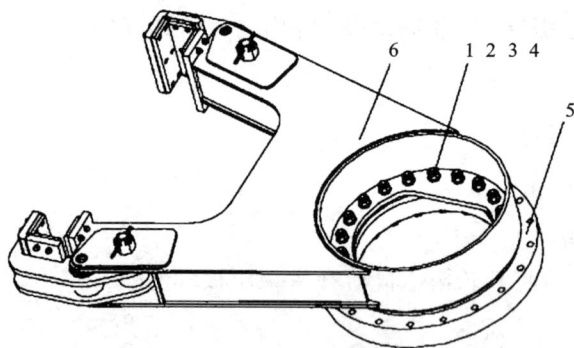

**图 4 – 20　随动架图**

1—薄螺母；2—螺母；3—垫圈；4—螺栓；5—回转支承；6—随动架架体

（2）用开口扳手、气动扳手将薄螺母（1）及螺母（2）逆向扭动，使其松动大约一圈。拆卸薄螺母（1）、螺母（2）、垫圈（3）及螺栓（4），并将其妥善放置在一起。

（3）依次取下其余紧固件。将回转支承（5）取下，注意随动架架体的固定保护。将拆掉了回转支承的随动架立起，并固定好。

（4）将新的回转支承沿水平方向与随动架架体（6）按照装配位置对好。先在相隔 120°角的三处地方用螺母（1）、螺母（2）、垫圈（3）、螺栓（4）固定回转支承（5）及随动架架体（6）。在其余安装孔安装上紧固件螺母（1）、螺母（2）、垫圈（3）、螺栓（4），按照规定的力矩拧紧。

（5）手动转动回转支承（5）两圈，看是否有异常或卡滞现象，如不顺畅则应通过回转支承的加油口加注黄油。将更换完的随动架放置在规定地方，或重新装回机器使用。

## 4.19　检查卷扬减速机油位

（1）将机器停在平坦的水平地面上，调整卷扬所在桅杆部分，使之处于竖直状态。

（2）如图 4 – 21 所示，缓慢转动主卷扬卷筒，使减速机内法兰盘上的两个测、注油口与外法兰盘上的测油缺口对正，卸下油位螺栓(2)，如图 4 – 22 所示。

（3）如果能见到油冒出，则油量充足；反之，则油量不足。

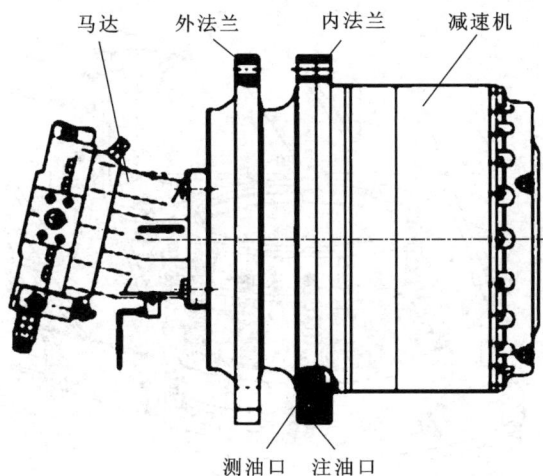

图 4 – 21　检查减速机油位

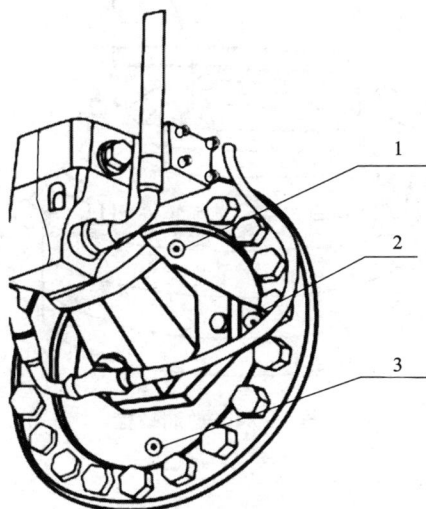

图 4 – 22　主卷扬减速机

1—加油螺栓；2—油位螺栓；3—放油螺栓

## 4.20 动力头减速机油位检查

（1）将机器停在平坦的地面上。

（2）拧开动力头两侧储油壶下的连接胶管，将拧开的胶管接头朝下，等待 1～2 min。若有齿轮油流出，则油量正常；若齿轮油不能流出，则说明需要加注齿轮油。

（3）拧开动力头减速机的侧面螺栓，用加油机加油至胶管有油流出。如图 4－23、图 4－24 所示。

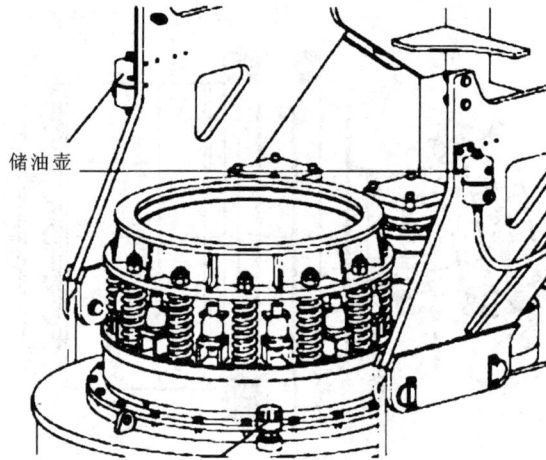

图 4－23　动力头减速机油位检查

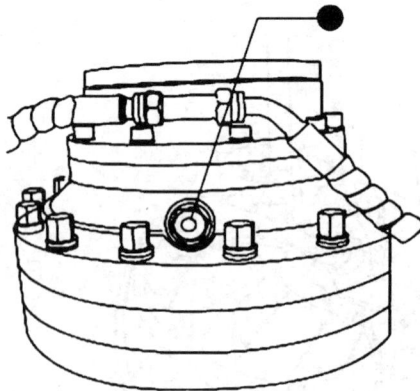

图 4－24　放油螺栓

## 4.21　变速箱齿轮油的更换

（1）使动力头停止转动。使排放口（3）的放油螺栓位于动力头最低位置。

（2）拧松加油口（1）的加油螺栓，准备好盛油容器。

（3）准备一根连接放油口（3）与盛油容器的适当尺寸与长度的油管。拧下排放口的放油螺栓放出旧油。用新油反复冲洗变速箱。

（4）检查放油口和加油口的密封垫圈，如果密封垫圈磨损或损坏，则应更换密封垫圈。

（5）重新拧紧放油螺栓。

（6）加入新油，待油位稳定。检查润滑油油面，油面必须达到玻璃油窗 2/3 的高度。见图 4－25。

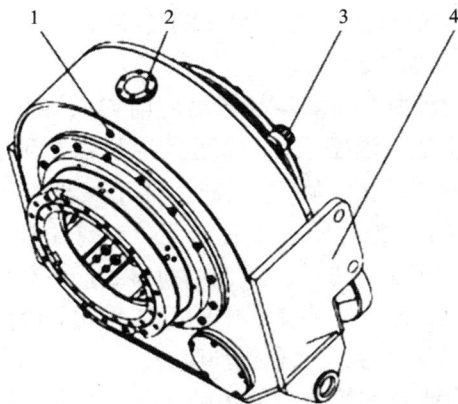

**图 4－25　动力头变速箱**
1—加油口；2—油视窗；3—排放口；4—箱体

## 4.22　液压系统保养

（1）液压系统的清洁度控制。

旋挖钻机的液压系统十分复杂，液压元件的零件精度较高，运动副的配合间隙非常小，液压系统中有许多变量机构和比例控制阀，因此其对液压油的清洁度要求很高，清洁度要求在 NAS9 级以下。若油液清洁度差，会加快液压元件的磨损，使阀芯出现卡滞、阻尼孔堵塞等液压故障。若要保证液压系统的油液清洁度，须做到以下几点：①加油前保证液压油箱内部清洁干净。②加油时，将加油口周围擦抹干净，用高精度滤油机往油箱加油，不加油时要及时盖好加油盖，保证油箱密封。③虽然在液压系统的装配中进行了严格的去毛刺清洗工序，但也不能彻底消除阀块孔中的毛刺和油管中的污物，工作一段时间后，毛刺污物会进入滤油器。经过一段时间的工作，滤油器的滤芯就有可能被堵塞，此时液压油就会通过滤油器上的旁通溢流阀进入油箱，使油箱里的油液受到污染。所以在首次开机工作 500 h 后，要清洗或更换滤油器的滤芯，过滤油箱里的液压油。以后可每工作 2000 h，清洗或更换滤油器滤芯和液压油一次。若钻机停放一年以上时间不工作，也要更换或过滤液压油。④若钻机较长时间不工作，则外面带有水分的空气会通过空气滤清器进入油箱，并将水分带入液压油，使液压油乳化变质，所以每隔一段时间就要开动钻机运转一次，使油温升高，消除液压油中的水分。过滤或更换液压油时，应将液压油从油箱抽出，油箱底部剩余的少量液压油应彻底放掉，然后再加入洁净液压油。往油箱加油时，无论新的液压油还是用过的液压油，都必须用滤油机过滤后才能加入。注意新液压油并非是洁净的。

（2）液压油的温度控制。

在钻机工作时，油温一般不超过80°，最高不得超过90°。当油温太高时，油液黏度变得很小，油的润滑作用变差，从而将加快液压元件的磨损，使内泄漏增大，缩短液压件的使用寿命。同时也会加速密封件的老化，油液容易变质。当油液温度过低时，油液黏度变得很大，压力损失加大，油液流动性变差，从而影响阻尼孔流量，延长缓冲动作时间，使钻机反应迟缓，严重时甚至不能工作。因此要控制油液的温度。当油液温度超过80°时，应停止工作，让动力头空载转动降温。当在油液温度为 -20°以下启动钻机时，最好先开机使动力头空载运转一段时间，等油温回升后再使钻机工作。

（3）钻机上各液压元件的压力、流量参数在出厂前均已调好，严禁随意调动，特别是压力阀中的调压参数，调高时会危害液压系统的安全，对机器产生损坏，调低时钻机的输出力和扭矩又达不到要求，影响性能质量。确需调整时，需有专业人员指导。

（4）首次开机或拆卸维修后，液压管路中存有空气，要开机空载运行，油缸在工作允许的最大行程内往复运动，排出管路中的气体，必要时松开管接头排气。特别是马达的补油口，必须松开补油口处的接头，开机使补油管中的气体排出，流出油后再拧紧接头。首次开机后液压系统中有空气存在容易产生气蚀和振动爬行。

（5）主卷扬浮动是在动力头打钻情况下使用的，可使主卷扬随钻杆自由下放。严禁在其他工况中进行主卷扬浮动操作，否则会使钻杆自由落体或掉落，出现机件损坏的严重故障。

（6）钻机上的执行机构使用了马达与减速机，减速机用于停车制动，主要利用摩擦片牢靠地锁定机械装置。在转动情况下要用平衡阀进行制动，不能用减速机进行制动，否则会使减速机摩擦片烧坏，损坏减速机。扳动操作手柄时应平稳匀速地扳动，过快过急均会造成钻机工作机构振动爬行，还会因惯性过大、停转时间长，让减速机来制动，损坏减速机。要经常检查主卷扬减速机制动口的压力，正常压力在20～25 bar之间，低于20 bar时，要在减速机减压阀的弹簧上加0.5～1 mm垫片，或用其他办法提高压力，此处压力太低时容易烧坏减速机。

（7）钻机上的液压胶管分为高压胶管和低压胶管。由于高压胶管钢丝层数较多，可承受高压，低压胶管钢丝层数均为一层，承受压力较低，所以在更换胶管时，要弄清楚原胶管的型号和承压情况，不要用低压胶管代替高压胶管，以防胶管爆裂。值得注意的是，主卷扬的两个浮动油管和辅控制阀上的LS油管为高压6通径油管，是两层钢丝的，容易与一层胶管混淆。主油管用于传送一定流量的液压油，胶管通径较大，不要用小通径胶管代替大通径胶管，否则会加大管路的压力损失，降低钻机的工作效率。

（8）旋挖钻机上的油缸、主卷扬承受负负载，维修或更换时一定要注意安全。油缸上的平衡阀维修或更换时，要在油缸活塞杆收缩到底时才能拆换。主卷扬马达减速机维修或更换时，要拆卸钻杆等负载，在不让主卷扬承受任何外力的情况下，方可拆换马达减速机。油缸运动爬行与缸内存在空气和平衡阀出现故障有关，油缸按最大行程动作几次即可排出油缸内的气体。平衡阀的故障多是阀芯上有脏物使阀芯运动不灵活造成的，应拆下平衡阀清洗或更换平衡阀。一般油缸沉降有两个原因，一是油缸内部的密封损坏产生的内泄漏，二是平衡阀有内泄漏。判断是何种情况导致漏油的办法是，拆掉主阀来油与平衡阀相连的油管，观察接头处有无漏油。若漏油，则为平衡阀问题，应更换平衡阀；若不漏油，则为油缸有内泄漏，应维修或更换油缸。主卷扬承受较重的负荷，操作时应匀速扳动手柄。从上升转到下降或下降转到上升时，应使手柄在中位稍作停留再扳到位，不允许快速扳到位或反复快扳，这样会损坏马达减速机和发生掉钻杆问题。

（9）泵有异常噪声多是由吸油管密封不严实或吸油阻力太大造成的，此时常伴有运动机构爬行现象。应检查吸油管卡箍是否松动，吸油滤芯是否堵塞。若存在问题要进行处理。

# 第 5 章
# 旋挖钻机常见故障排除

## 5.1　动力头

（1）故障现象：动力头无力、正反转扭矩不足。

（2）原理分析：如图 5-1 所示。

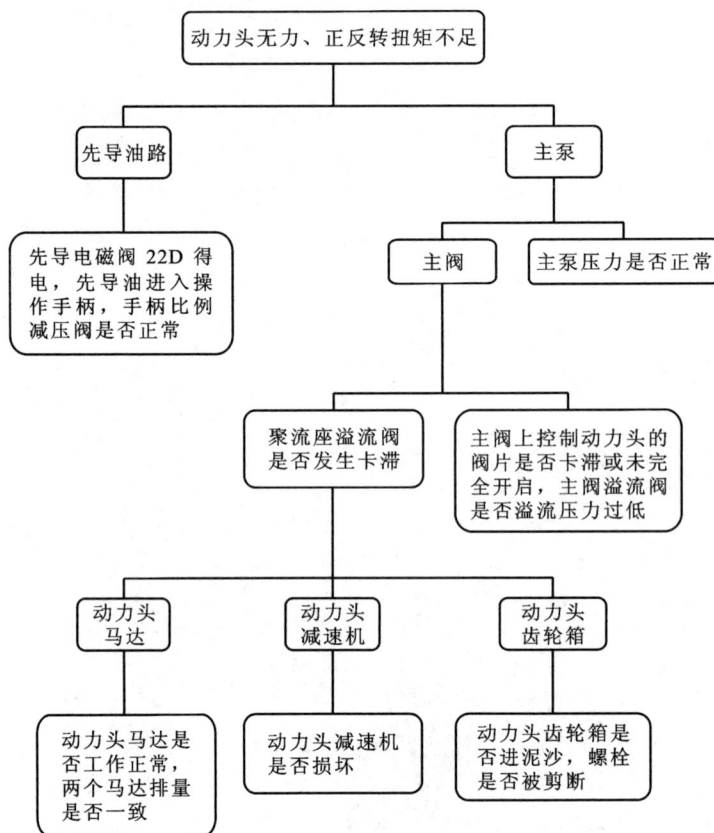

图 5-1　故障相关分析

（3）排除思路：

①先导电磁阀未得电，先导手柄损坏。先导油路（可通过检查手柄其他动作来排除），如果不能排除则应检查以下几个方面：先导电磁阀、先导继电器、驾驶室下手柄先导分配阀、先导泵。见图5－2。

②检查主阀是否有卡滞，见图5－3。

22D，该电磁阀如果不得电或者卡滞则先导油无法进入控制手柄

图5－2　先导电磁阀

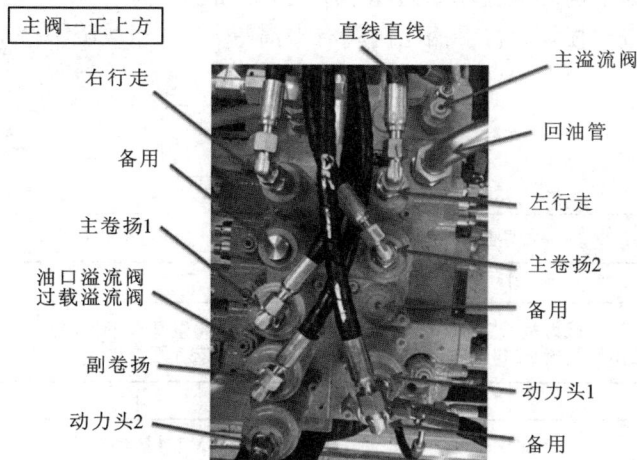

主阀—正上方

右行走　　直线直线　　主溢流阀

备用　　　　　　　　回油管

主卷扬1　　　　　　左行走

油口溢流阀　　　　主卷扬2
过载溢流阀　　　　备用

副卷扬　　　　　　动力头1

动力头2　　　　　备用

图5－3　换向阀杆

③用压力表测试一下主泵压力是否正常。

④聚流座上的补油溢流阀溢流压力是否过低，见图5－4。

⑤动力头马达是否有异响，排量是否正常。

⑥检查动力头从动齿轮与轮毂连接螺栓是否断裂（该现象表现为动力头大齿轮转动，钻杆不转动），检测方法为将动力头内齿轮油放干，观察螺栓是否松动、断裂。见图5－5。

图5-4 补油溢流阀

图5-5 轮毂连接螺栓

## 5.2 加压油缸

（1）故障现象：无加压动作，加压动作缓慢、无力。

（2）原理分析：电气方面的原因比较简单，如果电气出现问题，主要是由于加压变幅不能切换。另外，右手柄比例阀卡滞也会导致加压无动作及加压无力。可能故障点如下：①先导压力偏低导致无力。②先导电磁阀卡滞或者不得电。③电磁阀组加压变幅切换电磁阀卡滞或者不得电。④辅泵有问题（如输出压力过小损坏）。⑤M4阀出现问题，比如卡死、溢流等。⑥平衡阀出现问题（如平衡阀溢流压力过低、平衡阀内泄、锁不死等）。⑦油缸内泄。⑧线路断路导致无动作（如按钮损坏，右手柄比例阀有卡滞等）。加压故障框图见图5-6。

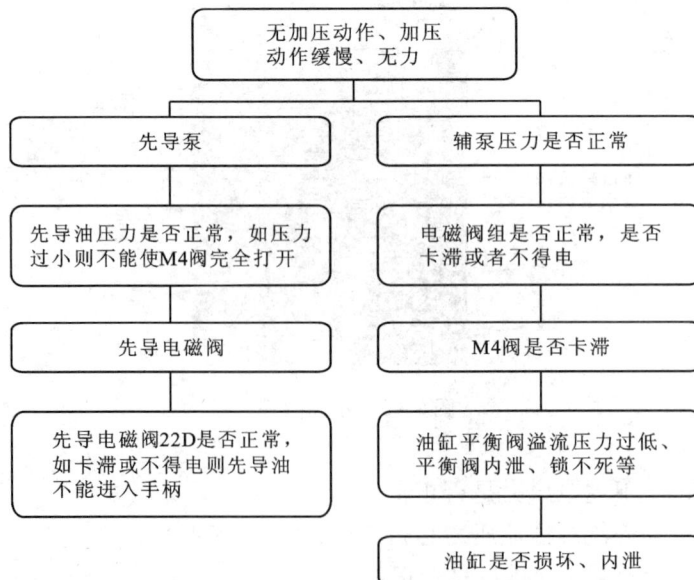

图5-6 加压故障

120

（3）排除思路：

①先导油路（可通过检查手柄其他动作来排除），如果不能排除则应检查以下几个方面：先导电磁阀、先导继电器、驾驶室内手柄比例阀、先导泵。见图 5 - 2。

②检查电磁阀组加压电磁阀是否卡滞，或者不得电。见图 5 - 7。

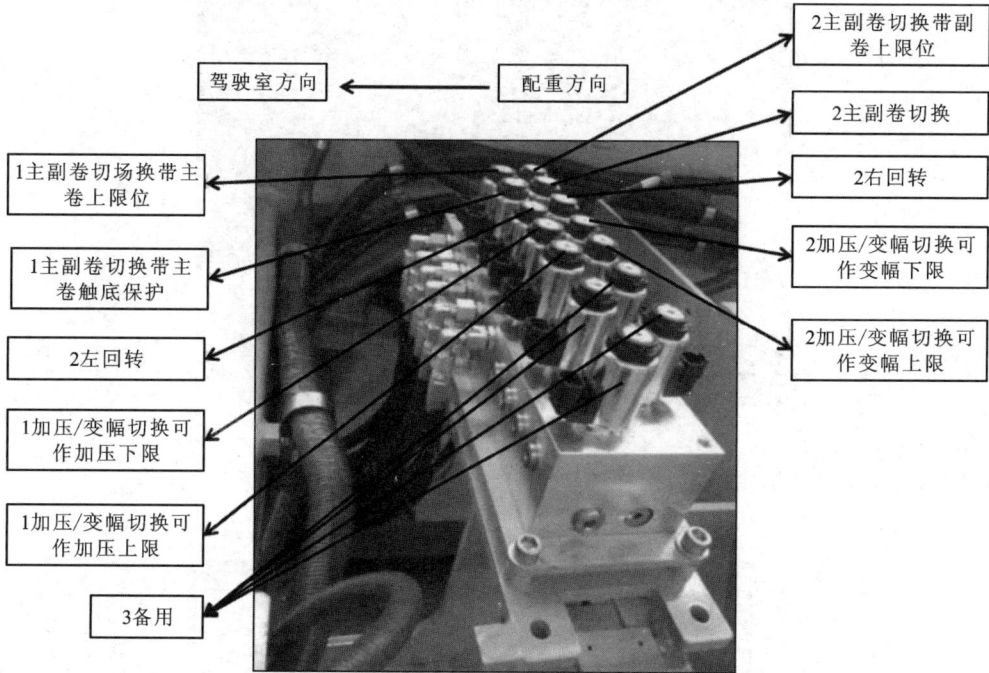

图 5 - 7　电磁阀组

③检查辅泵，看辅泵是否损坏，或可以通过辅泵压力表显示来判断是否因为溢流压力过小而出现加压无力、动作缓慢现象，标准值为上升 16 ~ 20 MPa，下降 11 ~ 12 MPa。见图 5 - 8。

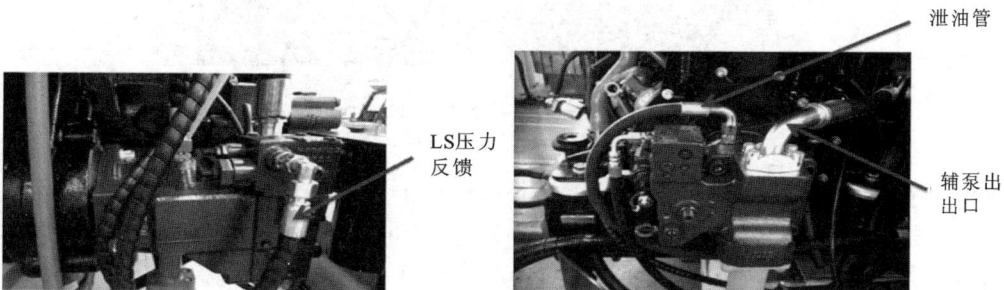

图 5 - 8　辅泵

④检查 M4 阀是否有卡滞或者磨损现象。见图 5 - 9。

⑤检查油缸平衡阀，是否有平衡阀溢流压力过低、平衡阀内泄、锁不死等现象。见图 5 - 10。

M4阀加压阀片

图 5 - 9　辅阀

图 5 - 10　油缸平衡阀

⑥检查油缸是否内泄。判断加压油缸是否出现内泄，可以使钻机停止钻进，将桅杆处于立直状态，带上动力头，仔细听加压油缸是否偶尔或断断续续地发出"当"的声音，若有则说明有内泄或者平衡阀锁不死的情况，这样一加压就会出现压力过低导致钻机钻进无力现象。

⑦电气问题比较容易排除，首先进入输入输出检查界面，看手柄是否有输入，如果没有输入，将导致加压变幅无法切换。加压变幅切换是由 KA4 继电器控制的，KA4 接到控制器上的 XM1.21 上，手柄按钮 SB8 接到控制器上的 XM1.14 上。如图 5 - 11、图 5 - 12 所示。

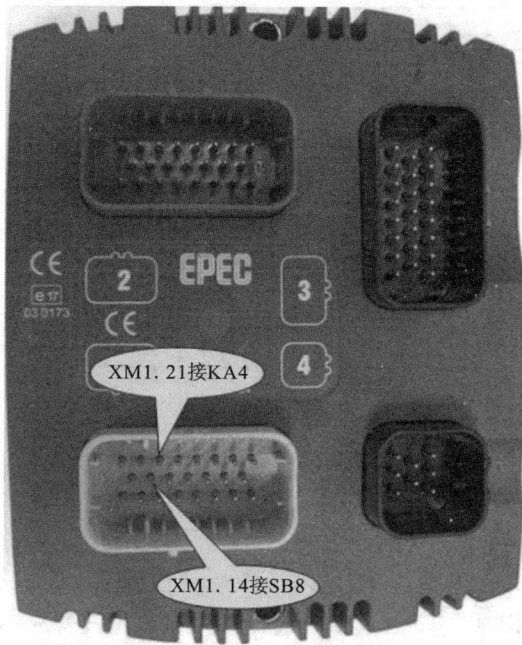

图 5 – 11　控制器

图 5 – 12　继电器

## 5.3　测深故障

旋挖钻机采用两种测深元件，一种是编码器，另一种是接近开关，二者原理一样。其中采用编码器测深方式有两种安装位置：一种在桅杆滑轮架滑轮旁，另一种在主卷扬中心轴旁边。而采用接近开关测深方式则应安装在桅杆滑轮架滑轮旁。旋挖钻机测深原理如图 5 – 13 所示。

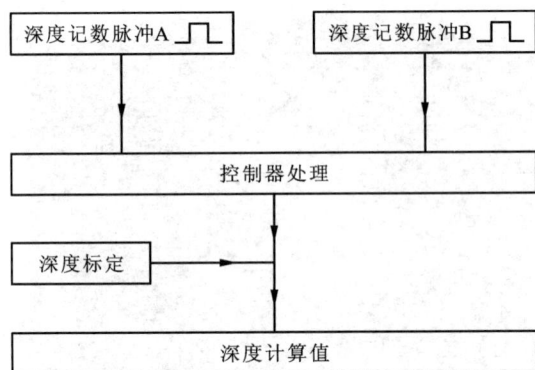

**图 5 – 13　旋挖钻机测深原理**

测深经常出现的故障现象主要有：①显示器上深度值不变化；②显示器上深度值没有规律变化；③显示器上深度值显示不准。

深度故障处理步骤：①看故障现象，判断故障类型。②如果有深度值显示但不准，应检查相关测深元件是否存在损坏。如果采用编码器则应检查一下编码器和机械之间的连接轴是否有问题。如果采用接近开关则应检查一下接近开关，并调整一下接近开关和齿轮盘之间的距离。检查所有的接线是否存在问题。显示器上深度数值有显示变化，说明线路存在问题的可能性很小，如果测深方式采用接近开关可以考虑是否是接近开关与齿轮盘之间的距离问题。接近开关与齿轮盘的间隙一般情况下为 4 mm，间隙的大小直接影响测深的准确性。信号线接反不会影响测深，只会显示数值正负的问题，因为 A、B 相差 90°，所以在慢转齿轮盘的时候我们会看到指示灯显示的顺序：如果开始是一个灯亮、一个灯灭的话，然后会两个灯同时亮，然后再一个灯灭，另一个亮，最后两个同时灭，循环下去。③回转角度 A 相输入线号为 XM2.5、回转角度 B 相输入线号为 XM2.6 来代替测深脉冲信号 A 相输入线号为 XM2.7 和测深脉冲信号 B 相输入线号为 XM2.8，从而判断是控制器程序的问题还是测深其他硬件问题。如果更换之后显示器深度恢复正常，那么故障原因是硬件的问题；如果显示器在回转显示正常的情况下，更换之后还是没有深度显示，那么就是控制器问题，须更换控制器。此步骤也可提前判断软、硬件问题。控制器采用 2024 的机器，其回转角度 A 相输入线号为 XM3.18、回转角度 B 相输入线号为 XM3.19 来代替测深脉冲信号 A 相输入线号为 XM3.16 和测深脉冲信号 B 相输入线号为 XM3.17。其他处理步骤相同。

故障现象与故障点对照见表 5 – 1。

表 5 - 1　故障对照表

| 故障现象 | 故障分析 | 故障点 | 故障原因 |
|---|---|---|---|
| 测深无显示 | 编码器损坏 |  输入轴断裂 | 输入轴断裂 |
|  | 线路问题 |  |  |
|  | 控制器问题 |  |  |
| 深度不准确 | 接近开关问题 |  | 接近开关和齿轮转盘之间的距离 |
|  | 显示器修正值 |  |  |
|  | 机械传动机构的问题 |  |  |
| 测深不准确 | 编码器问题 |  断裂的挡圈 | 传动轴偏离 |
|  | 机械结构问题 |  |  |
|  | 控制器问题 |  |  |

# 5.4　调平

（1）故障现象：桅杆调平手柄无动作。

（2）故障分析：桅杆调垂动作的过程是，在手柄参数正常的情况下，按下手柄按钮（接通调垂有效信号线），通过 $X$、$Y$ 轴方向电阻的变化，将电流输入到控制器，控制器再输出相应的电流到 M4 阀（电流比例阀），通过阀芯开启的大小，进行桅杆油缸的动作，从而实现调垂。这一过程中涉及的部件有调垂手柄、控制器、电比例阀、双向平衡阀、桅杆油缸。在处理过程中可以分别排除判断各部件的好坏。检查步骤见图 5 - 14。故障分析见 5 - 15。

（3）故障原因：

①手柄标定值没有标定好。

②桅杆参数没有标定好。

③线路问题。

④桅杆左右限位同时损坏。

⑤液压问题。

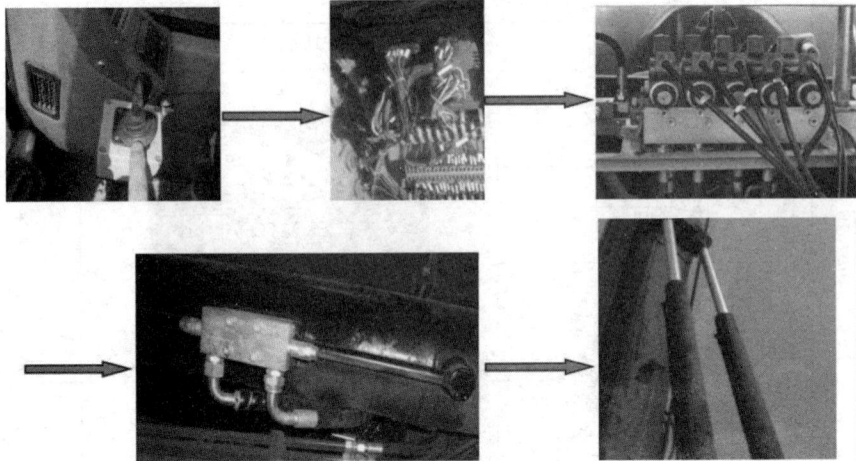

图 5 – 14　排除故障步骤

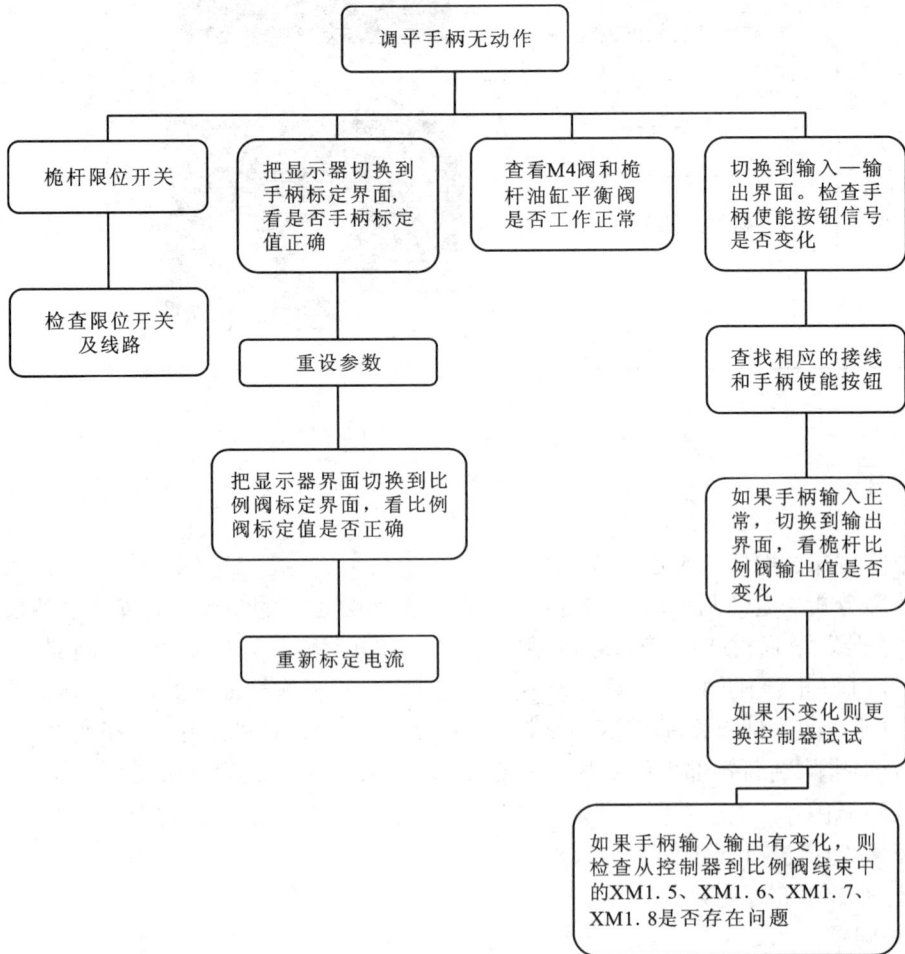

图 5 – 15　故障分析

（4）排除步骤：

①查看限位开关是否报警，如果报警则检查限位开关。排除方法见图 5 - 16、图 5 - 17、图 5 - 18、图 5 - 19。

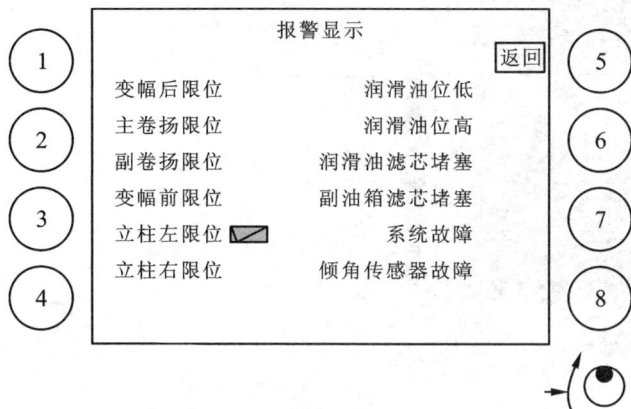

图 5 - 16　报警

图 5 - 17　限位开关

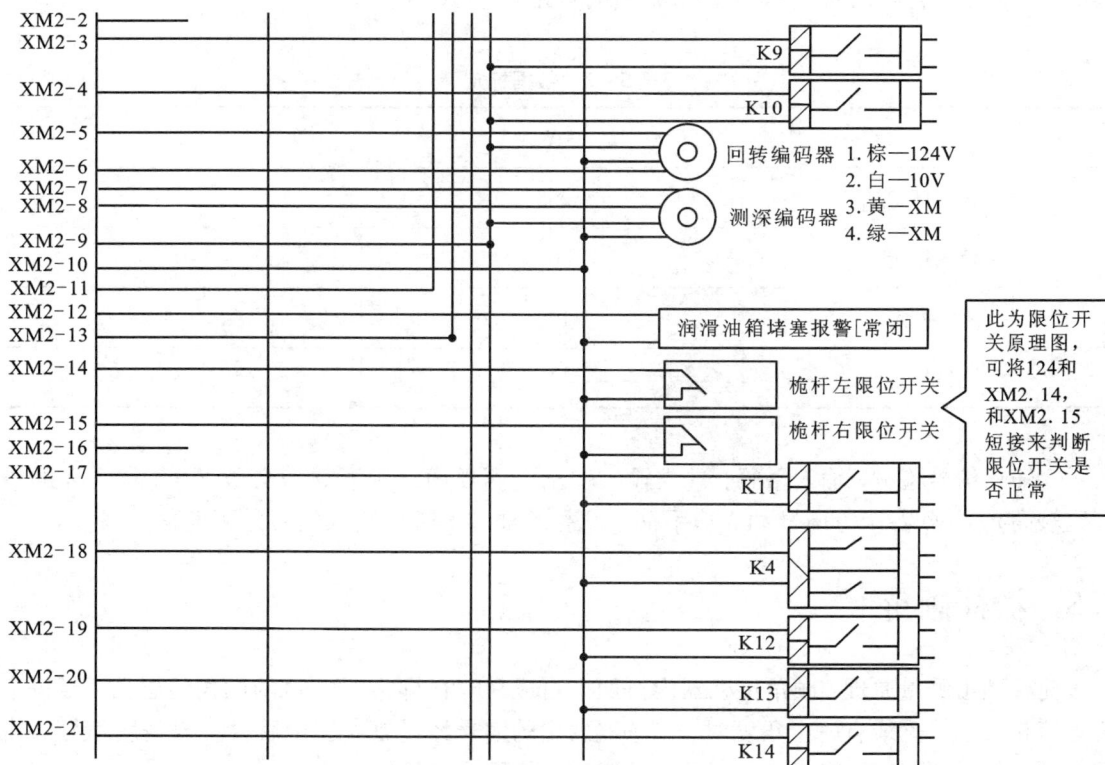

图 5 - 18　限位开关线路图

127

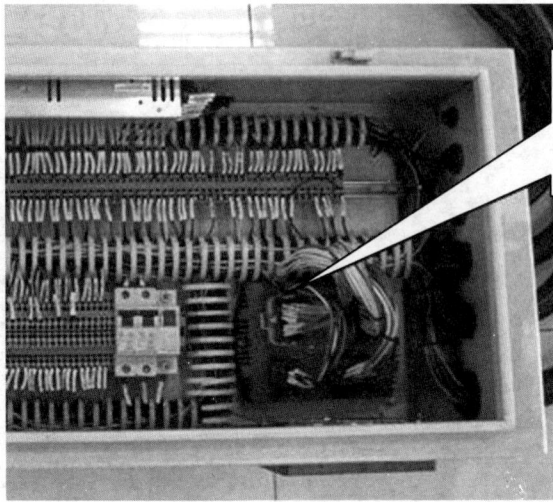

将控制器的XM2.14,XM2.15直接与124V连接,查看显示器,从而确定控制器输入是否有问题

图 5－19 控制器连接

②手柄标定数据异常,输入密码,进入手柄标定界面,其正确的数据如表 5－2 所示,如数据显示异常,将其按表 5－2 上的数据进行标定。

表 5－2 数据标定

|  | $X$ | $Y$ |
|---|---|---|
| 正向标定 | 255 | 255 |
| 负向标定 | 0 | 0 |
| 零位标定 | 128 | 128 |
| 死区标定 | 4 | 4 |

③输入信号检测,输入密码,进入输入输出检测界面。按下立桅有效开关(这个坏的概率比较高),并朝各个方向推动立桅手柄,观察 $X$ 轴和 $Y$ 轴的输入信号是否变化。

## 5.5 桅杆倾角

桅杆倾角测量原理:倾角传感器内有两个自成 90 角(即 $X$、$Y$ 向)的倾角传感器,当每个传感器相对于铅垂线有一个角度时,传感器发出的信号经过放大校正后会变成角度信号。桅杆与倾角传感器固定,传感器角度经过标定后的值即为桅杆倾角值。

倾角传感器主要出现三种故障现象:①显示器上桅杆角度不变化;②倾角传感器引起通信总线 CANBUS 中断;③桅杆角度不准。

倾角传感器出现故障现象处理步骤:

一看:看故障现象。

二查:检查倾角传感器接线。包括电源 124V、10V, CAN – H, CANL 和中间的 120 欧姆的电阻。其中故障现象①、②存在接线问题。故障现象③不存在接线问题,只存在修正问题,把显示器切换到垂直度标定重新标定即可,垂直度标定界面如图 5 – 20 所示。

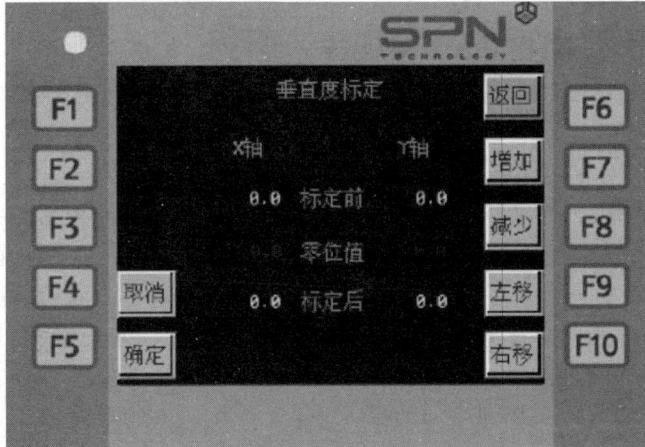

图 5 – 20　垂直度标定界面

三换:如果线路没有问题,仍存在显示器桅杆角度不变化的问题,则应更换倾角传感器。倾角传感器内部接线图如图 5 – 21、图 5 – 22 所示。

图 5 – 21　倾角传感器内部接线图

| 124V | CAN-H | 120 | | |
|------|-------|-----|---|---|
| 10V | CAN-L | | | |

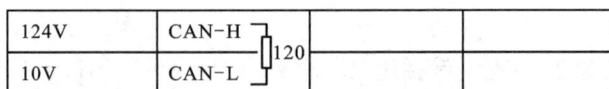

图 5 - 22 倾角传感器接线图

# 5.6 桅杆控制主要出现的故障现象、原因、排除方法

## 5.6.1 故障一

（1）故障描述：手柄控制时，桅杆没有动作，但点动时，桅杆有动作。

（2）原因分析：①手柄使能按钮损坏；②手柄没有模拟量输入；③手柄标定值没有标好。

（3）排查方法：首先把显示器切换到手柄标定界面，看手柄标定值是否正常。如果正常则切换到输入—输出界面，检查手柄使能按钮信号是否变化，如果没有，则查找相应的接线和手柄使能按钮。接线图如图 5 - 23 所示。

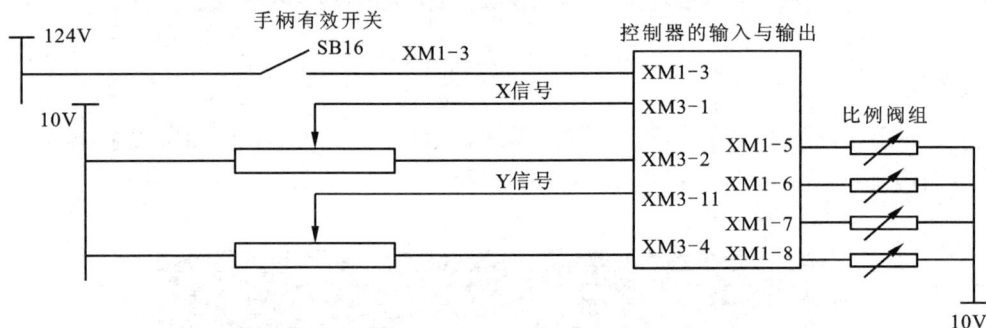

图 5 - 23 手柄接线原理图

## 5.6.2 故障二

（1）故障描述：手动、点动控制时都没有桅杆动作。

（2）原因分析：①手柄标定值没有标好；②桅杆参数没有标定好；③线路问题；④桅杆左右限位同时损坏；⑤液压问题。

（3）排查方法：首先把显示器切换到手柄标定界面，看手柄标定值是否正确。然后把显示器界面切换到比例阀标定界面，看比例阀标定值是否正确。如果正常则切换到输入—输出界面。检查手柄使能按钮信号是否变化，如果没有，则查找相应的接线和手柄使能按钮。接线图如图 5 - 23 所示。如果手柄使能信号正常，则检查模拟量输入是否正常。正确的变化范围应该是在 - 32767 ~ 32767。如果不正常则考虑更换手柄。如果手柄输入正常就切换到输出界面，看桅杆比例阀输出值是否变化。如果不变化则更换控制器，如果变化则检查从控制器到比例阀线束中的 XM1.5、XM1.6、XM1.7、XM1.8 是否存在问题。如果比例阀接头有电压，量取比例阀线圈电阻值，其中力士乐比例阀电阻为 24 Ω 左右，哈威比例阀电阻为 27 Ω 左右。

### 5.6.3　故障三

（1）故障描述：桅杆有个别油缸不能动。

（2）原因分析：①控制器输出点的个别点损坏；②从控制器到电磁阀线路问题；③比例阀线圈烧坏；④液压问题。

（3）排查方法：把显示器切换到输入—输出界面，看桅杆比例阀输出值是否变化。如果不变化则更换控制器，如果变化则检查从控制器到比例阀线束中的 XM1.5、XM1.6、XM1.7、XM1.8 是否存在问题。如果比例阀接头有电压，并且比例阀线圈有电阻值，其中力士乐比例阀电阻为 24 Ω 左右，哈威比例阀电阻为 27 Ω 左右，那么检查液压问题，看是否存在油路堵死情况。

### 5.6.4　故障四

（1）故障描述：桅杆动作速度很慢。

（2）原因分析：桅杆动作速度很慢，一般来说，输入输出信号、线路是正常的，须修改比例阀的参数，增大最大比例电流。当为最小速度，或点动速度很慢时，可以适当增大比例阀的最小输入电流。

### 5.6.5　故障五

（1）故障描述：无自动调垂。

（2）原因分析：能自动调垂的条件，一是倾角传感器通信正常，二是桅杆处于 X、Y 向均在 ±5° 内。可先检查倾角传感器的工作是否正常，再看桅杆是否处于 ±5° 内。两个条件均满足时，如果手动桅杆控制正常，就检查桅杆比例阀最小电流是不是设置得太小。如果自动调垂速度很慢，就加大比例阀的最小输出电流。

### 5.6.6　故障六

（1）故障描述：桅杆油缸严重不同步。

（2）原因分析：出现上述故障应先检查是不是比例电流参数设置相差很大，参数设置正确时，检查立桅或倒桅时是不是两个比例阀在同时工作，如果上述都正常，则可能是平衡阀有问题或桅杆油缸泄漏。

## 5.7　主副卷扬

### 5.7.1　主/副卷扬控制原理

如图 5-24、图 5-25 所示，手柄过来的先导油路，经过逻辑控制阀组换向，来控制主/副卷扬主阀芯，实现主辅卷扬动作，都不得电时为主卷扬动作。其中 2D、11D、14D 为主/副切换，2D、11D、14D 都不得电时为主卷扬工况，14D 为电磁阀上限位，得电有效；2D、11D、

14D 都通电时为副卷扬工况，11D 为副卷扬上限位电磁阀，断电时副卷扬上限位有效。10D 和 17D 电磁阀为控制主卷扬浮动动作的电磁阀。按下浮动按钮后 10D、17D 同时通电，松开浮动按钮后 17D 电磁阀断电，延时 0.5 s 后 10D 断电，停止主卷扬浮动动作。

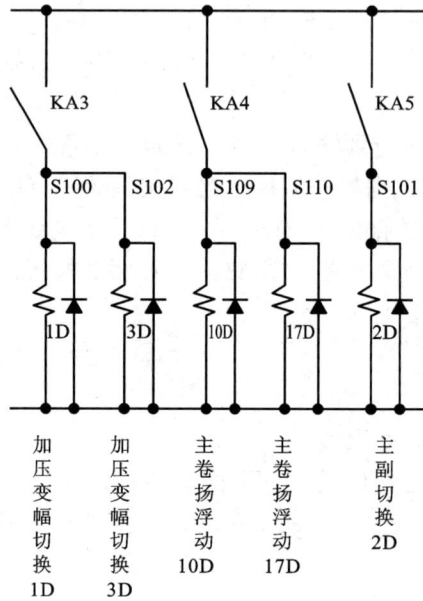

图 5-24　主副卷扬切换原理

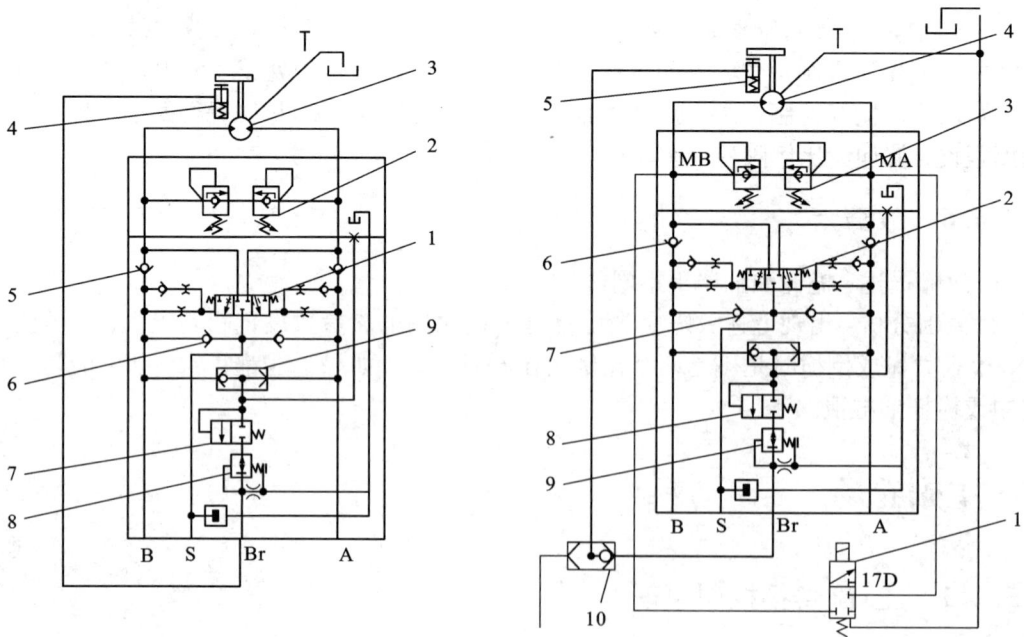

图 5-25　卷扬执行机构原理

132

### 5.7.2　故障原因分析

(1)电磁阀线圈烧坏,电磁阀不能切换导致某一个动作没有。

(2)线路问题,包括所有输入和输出线路。

(3)继电器损坏。

(4)控制器个别点烧坏。

(5)主卷扬马达 MA、MB 进油口未能连通,主卷扬摩擦片未能打开等。

### 5.7.3　故障处理步骤

(1)看:看故障现象,判断故障类型。

(2)查:首先切换显示器到输入—输出界面,按住主副切换按钮检查所有输入和输出是否正常。如果输入不正常,则检查输入信号线 XM1.13。如果输入正常,输出不正常,那么是控制器问题的可能性比较大。如果输入、输出都是正常的,则基本上是输出线路到电磁阀这一部分的问题或者液压问题。可能原因是:①电磁阀线圈烧坏;②线路问题;③继电器损坏;④液压问题。

### 5.7.4　案例一

(1)故障现象:钻机没有浮动功能。

(2)排除过程:①看:看故障现象,判断故障类型。②查:首先切换显示器到输入—输出界面,按住主副切换按钮检查所有输入和输出都为正常。然后检查输出线路到电磁阀电路,这一部分,发现继电器损坏。更换之后恢复正常。

### 5.7.5　案例二

(1)故障现象:钻机在钻孔作业中提钻头到孔外倒土时,钻杆非正常下落0.5到1 m。

(2)排除过程:①看:看故障现象,判断故障类型。②查:首先切换显示器到输入—输出界面,按住主副切换按钮检查所有输入和输出都是正常,说明浮动按钮和控制器都没有问题。但是打开控制柜时,发现浮动电磁阀常得电。更换继电器,故障解除。浮动电磁阀安装位置如图5-26所示。

### 5.7.6　案例三

(1)故障现象:副卷扬无下放动作。

(2)排除过程:①看:看故障现象,判断故障类型。②查:首先切换显示器到输入—输出界面,按住主副切换按钮检查所有输入和输出都为正常,说明浮动按钮和控制器都没有问题。打开控制柜时,发现浮动电磁阀得电情况正常。用万用表量取输出端 S103 得电为 24 V。检查电磁阀插头端发

图 5 – 26　浮动电磁阀安装位置

现没有24 V电压过来，经检查发现地线 GND 短路了。重新接好 GND 之后，机器恢复正常。电磁阀的 GND 线如图 5 – 27 所示。

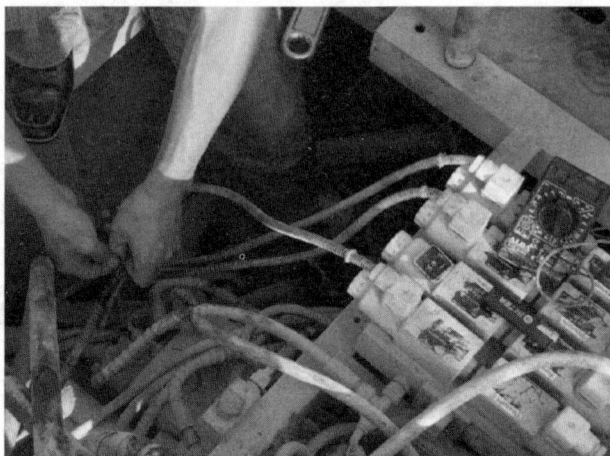

图 5 – 27　电磁阀的 GND 线

# 参考文献

[1] 黎中银,焦生杰,吴方晓. 旋挖钻机与施工技术[M].北京:人民交通出版社,2010.

[2] 黎中银,王宏伟,解大鹏. 旋挖钻机入岩机理和钻岩效率的分析[J].建筑机械,2008,28(1):73-77.

[3] 龚高柏,刘海增,吴茂国. 我国工民建钻机发展探讨[J].2010年上海宝马展会刊,2010.

[4] 黎中银,黄志明.振兴民族装备制造业[J].建筑机械,2006,26(21):57-59.

[5] 刘海增,吴茂国. 旋挖钻机先进技术研究[J].三一创新与研究,2010.

[6] 胡柳青. 冲击载荷作用下岩石动态断裂过程机理研究[D].长沙:中南大学,2005.

[7] 黎中银. 我国地基基础机械行业的发展战略研究(一)[J].建设机械技术与管理,2005,18(3):31-35.

[8] 屠厚泽,高森. 岩石破碎学[M].北京:地质出版社,1984.

[9] 黎中银,黄志文. 旋挖钻机在我国的发展[J].工程机械与维修,2004,35(5):85.

[10] 阎明礼,张东刚.CFG桩复合地基技术及工程实践[M].北京:中国水利水电出版社,2001.

[11] 朱维申,何满潮. 复杂条件下围岩稳定性与岩体动态施工力学[M].北京:科学出版社,1996.

[12] 高德利,潘起峰,张武輋.南海西江大位移井钻头选型技术研究[J].石油钻采工艺,2004,26(1):1-4.

[13] 毕雪亮,阎铁,张书瑞. 钻头优选的属性层次模型及应用[J].石油学报,2001,22(6):82-85.

[14] 杨光松. 损伤力学与复合材料损伤[M].北京:国防工业出版社,1995.

[15] 徐靖南. 压剪应力作用下多裂隙岩体的力学特性——理论分析与模型试验[D].武汉:中国科学院研究生院(武汉岩土力学研究所),1993.

[16] 柳波,何清华,杨忠炯.基于转速感应的液压旋挖钻机功率匹配模糊控制[J].中国公路学报,2007,20(1):123-126.

[17] 赖海辉,朱成忠,李夕兵,等.机械岩石破碎学[M].长沙:中南工业大学出版社,1991.

[18] 赵伏军. 动静载荷耦合作用下岩石破碎理论及试验研究[D].长沙:中南大学,2004.

[19] 住房和城乡建设部建筑施工安全标准化技术委员会.旋挖钻机安全操作与使用保养[M].北京:中国建筑工业出版社,2018.

[20] 何清华,朱建新,刘祯荣.旋挖钻机设备、施工与管理[M].长沙:中南大学出版社,2012.

[21] 郑江,李进洲.旋挖钻机在桥梁桩基施工中的应用与发展[J].施工技术,2019,48(S1):1158-1161.

[22] 王转来,王海金.旋挖钻机桅杆偏斜原因分析及排除方法[J].工程机械与维修,2019(2):101-102.

[23] 范建强,唐剑锋,王转来,等.APV16负载敏感多路阀在旋挖钻机上的应用[J].液压气动与密封,2018,38(7):54-56.

**图书在版编目(CIP)数据**

旋挖钻机 / 李德泉,黄中华主编. —长沙:中南
大学出版社,2021.3
智能制造精品教材
ISBN 978 - 7 - 5487 - 4088 - 9

Ⅰ. ①旋… Ⅱ. ①李… ②黄… Ⅲ. ①钻机－高等职
业教育－教材 Ⅳ. ①P634.3

中国版本图书馆 CIP 数据核字(2020)第 135974 号

# 旋挖钻机

主编 李德泉 黄中华

| | | |
|---|---|---|
| □责任编辑 | 谭 平 | |
| □责任印制 | 周 颖 | |
| □出版发行 | 中南大学出版社 | |
| | 社址:长沙市麓山南路 | 邮编:410083 |
| | 发行科电话:0731 - 88876770 | 传真:0731 - 88710482 |
| □印 装 | 湖南省众鑫印务有限公司 | |

| | | | | |
|---|---|---|---|---|
| □开 本 | 787 mm×1092 mm 1/16 | □印张 9.25 | □字数 232 千字 | |
| □版 次 | 2021 年 3 月第 1 版 | □2021 年 3 月第 1 次印刷 | | |
| □书 号 | ISBN 978 - 7 - 5487 - 4088 - 9 | | | |
| □定 价 | 35.00 元 | | | |